码上学技术·绿色农业关键技术系列

稻田
高质高效生态种养200题

高 辉 陈友明 主编

中国农业出版社

北 京

编　委　会

FOREWORD

前 言

农业田野考古证据与历史古籍文献表明，我国稻田种养发展历史悠久、文化灿烂、底蕴深厚。2015年中央1号文件提出"开展粮改饲和种养结合模式试点"。2016年中央1号文件指出"启动实施种养结合循环农业示范工程，推动种养结合、农牧循环发展"。2017年中央1号文件提出"推进稻田综合种养和低洼盐碱地养殖"。2020年中央1号文件强调"推广种养结合模式"。近年来，稻田高质高效生态种养产业发展迅猛，规模化、标准化、产业化、品牌化发展水平日益提升，已成为湖北、湖南、四川、安徽、江苏、贵州、江西、云南等20多个省（自治区、直辖市）"乡村产业振兴""精准脱贫""一县一业""一村一品"升级版的农业新兴产业。稻田既产水稻，也产畜禽及水生动物，一田多收，模式多元，激发了千万农民创新创业的活力，有利于加快构建农业农村发展新格局，激发新动能，实现农业产业、资源环境和农村社会的可持续发展。

本书分历史篇、政策篇、模式篇、生产篇、产业篇、标准篇、认证篇、文化篇、典型篇、展望篇，共200题，旨在应答当前稻田高质高效生态种养中出现的政策、模式、技术、产业、标准、认证、文化等方面的问题，以使新型农业经营主体因地制宜、科学合理地开展稻田高质高效生态种养实践，获得显著的经济、社会和生态效益。

全书由扬州大学高辉、窦志、邢志鹏、徐强、李阳阳和江苏省淡水水产研究所陈友明、黄鸿兵分工编写而成。在编写过程中，得到了中国工程院院士张洪程教授的悉心指点与精心指导，在此谨表谢意。

同时，编写中参阅了国内外许多水稻、水产、环境、标准、管理、市场等行业专家和学者的有关著作与论文，从中引用了一些有价值的观点与数据资料，在此向他们致以衷心的谢忱。

本书得到了国家重点研发计划课题"稻田综合种养绿色高效技术集成与示范"（2018YFD0300804）、中国工程院战略研究与咨询项目学部重点项目"中国稻田综合种养高质量发展战略研究"（2021 - XZ - 30）、江苏省重点研发计划项目"稻田优质绿色高效综合种养技术集成创新与示范"（BE2018355）、全国水产技术推广总站委托课题"稻渔综合种养生产标准体系研究"、江苏宁淮重点农业技术推广项目"精简高效绿色虾稻共作模式示范推广"等的支持，同时也得到了中国作物学会栽培专业委员会、江苏省粮食作物现代产业技术协同创新中心、江苏高校优势学科建设工程资助项目（PAPD）、扬州大学作物学学科特区建设项目等的资助或支持。

因稻田高质高效生态种养存在明显的区域差异，且外延宽广、内涵丰富与模式多元、技术多样，加之编者们理论创新与实践探索方面的水平仍有局限，故书中有关表述恐有欠妥与不当之处。真切地期盼专家、学者和广大读者给予批评指正。

编　者

2021 年 2 月

CONTENTS

目 录

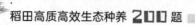

一、历史篇

1. 我国水稻种植史有多久远？

古往今来，天地四方。人类对于野生稻资源的甄别选择与人工栽培利用推动了很多地区文化的萌生与文明的演进。第 57 届联合国大会将 2004 年确定为国际稻米年，其主题为"稻米就是生命"，确认了稻米是"许多文化的基石""生命、繁育和富足的象征"。我国是世界栽培稻起源地，有着悠久的水稻种植史与灿烂的稻米文化。

考古工作者在江西省上饶市万年县大源镇的仙人洞和与之相距 800 米的吊桶环遗址上，在旧石器时代晚期至新石器时代早期完整文化接续演进的地层堆积的土壤样品中，发现了野生稻和栽培稻的植硅石和花粉的完整驯化遗存，野生稻测年距今约 1.7 万年，栽培稻距今约 1.2 万年。江西万年稻作文化系统 2010 年被联合国粮食及农业组织（FAO）和全球环境基金（GEF）列入"全球重要农业文化遗产（GIAHS）"。

在广西壮族自治区南宁市隆安县乔建镇娅怀洞遗址中，发现了距今 1.6 万年前的稻属植物特有的叶片运动细胞扇形植硅体，以及距今 2.8 万~3.5 万年前的疑似稻属植物植硅体。在湖南省永州市道县寿雁镇玉蟾岩遗址中，发现了"玉蟾岩古栽培稻"，兼有野、籼、粳综合特征，属于从普通野生稻向栽培稻初期演化的最原始的古栽培稻类型，测年距今 1.4 万~1.8 万年。在广东省清远市英德市云岭镇狮子山南麓的牛栏洞遗址中，发现了 24 粒双峰或扇形的非籼非粳水稻硅质体，处于最早文化层的水稻硅质体距今 1.2 万~1.4 万年。在浙江省金华市浦江县黄宅镇上山遗址中，发现了夹炭陶片的陶胎中经人工

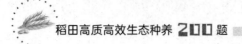

驯化、早期栽培的稻壳遗存,在遗址群中晚期文化堆积层中发现了大量的炭化稻壳与1粒距今1万年前的新石器时代早期和多粒新石器时代晚期的炭化稻米遗存。

不同地区的稻作考古证据表明,我国的栽培稻种植史已知最早可追溯到1.6万~1.8万年前。从北方到南方,从沿海到内陆,从平原到高原,从丘陵到山地,从荒地到湿地,水稻有着广泛的适应性与强大的生命力。在浩瀚璀璨的中华文明接续演绎进程中,水稻起到了独特恒久和基石砥柱的重要作用。

(编写者:高辉)

2. 我国稻田种养史有多久远?

重庆市巫山县大庙镇龙骨坡遗址考古证据表明,早在214万年前,"巫山人"即已出现,他们已能利用人工打制的石器、骨器从事生产劳动。珠蚌类与曲颈龟类是与恐龙类同时代的生物,分别最早见于侏罗纪早中期与末期,历经了1.4亿~2.0亿年漫长的演化史,演进而成现今的蚌类与龟鳖类。可见,多种水生动物的出现远早于人类,更远远早于水稻。

远古时代,南方先民邻水栖身,聚族而居,采撷果实,渔猎充饥,繁衍生息。1.6万~1.8万年前开始驯化利用水稻,同时捕猎考古实证的鲤鱼、草鱼、青鱼、龟、鳖、螺、蚌、蟹等水生动物,成为"饭稻羹鱼""鱼米之乡"的发端。江苏省宿迁市泗洪县梅花镇韩井遗址即存在一处8 000年前、具有人工开挖的水坑、水沟与水口的古稻田遗迹。受自流、引流、渗透、漫溢、洪涝等外在因素与水生动物孵化、游动、爬行、逐流等内在因素驱动,高频触发了"水稻+水生动物"同处一田、融合演化的时空机遇,催生了朴素的"水稻+水生动物"共生系统。但由于当时部落式居住区域人口密度偏小,稻田与滨湖洼地、沼泽地等人均资源丰足,因而推断自然的"水稻+水生动物"共生系统有所存在,但人为的"稻田种养"则缺少动力机制与有力佐证。

商朝(前1046—前1600)刻于龟甲与兽骨上的甲骨文中即有"农""米""鱼""渔""田"字。商末至秦灭六国时期的金文中则明确有"稻"字。在云南省呈贡县小松山、龙街七步场和大理市大展团等地出土的东汉末期圆盆形陂池水田模型中，陂池通过渠、坝、涵洞或出水口与稻田相连，陂池内塑有鸭、蛙、龟、鳖、鳅、螺、蚌、贝等。陂池具有蓄水育鱼、抗旱防涝功能，与之贯通的水田湿地则具有种稻纳鱼、稻鱼共生功能。以水为介，自然或人工的稻田种养皆有可能。然而，约成书于公元前388年的《墨经》曰："有之不必然，无之必不然"。文字与模型皆是客观事物或规律的抽象与简化表达。陂池水田模型尚不足以证明在东汉末期以前存在人为发轫、习得应用的"稻田种养"。

三国魏武帝曹操（155—220）所著的《四时食制》曰："郫县子鱼，黄鳞赤尾，出稻田，可以为酱"（见《太平御览》卷九三六）。此为已知最早关于水稻-鲤鱼共生种养的文字记载。

（编写者：高辉）

3. 古代文献中对稻田种养的记述有哪些？

南朝历史学家范晔（398—445）编纂的记载东汉（25—220）历史的纪传体史书《后汉书·西南夷列传》中记述："（益州郡，今云南省）有盐池田渔之饶，金银畜产之富"。"田渔"意为种植业与水产养殖业，种养并举，富饶鱼稻，组合阐述，寓意深邃。

北魏农学家贾思勰所撰、成书于公元533—544年的《齐民要术》（图1）序曰："鱼鳖之堀，为耕稼之场者"（鱼鳖的窟穴之处为丰沃的洼地和沼泽地，是耕种庄稼的好场所）[1]。水稻第十一曰："《周官》曰：稻人掌稼下地"（稻农在有水的沼泽地中种稻）。洼地、沼泽地易淹易涝，尤其宜稻，亦必有水生动物。

图1　《齐民要术》

唐代（618—907）刘恂所著的地理杂记《岭表录异》中记述：

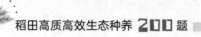

"伺春雨丘中聚水，即先买鲩鱼（草鱼）子，散于田内。一二年后，鱼儿长大，食草根并尽。既为熟田，又收鱼利；及种稻，且无稗草。乃养民之上术"。此反映了稻鱼共生的熟田、鱼利、除草、益稻与养民之效。

北宋欧阳修（1007—1072）《送刘学士知衡州》诗中曰："湖田赋稻蟹，民讼争垅亩"（在滨湖之地开辟的水田中种稻养蟹皆须赋税，因而百姓争辩湖田面积）。南宋陈普（1244—1315）《水车》诗中曰："岂徒美粳稻，且复肥鳅鳝"（不止有唯美的粳稻，而且有肥硕的泥鳅和黄鳝）。

清光绪《青田县志》记载"田鱼，有红、黑、驳数色，土人于稻田及圩池养之"。

（编写者：高辉）

4. 古代先民稻田种养积累了哪些经验？

我国古代先民在水稻种植、水产养殖等方面积累了丰富的经验，至今仍具有重要的参考价值。西汉刘安主持撰写成书于公元前180年至公元前123年的《淮南子·地形训》（卷四）中曰："江水肥仁而宜稻"（江水丰美仁和，适宜水稻种植之用）。《齐民要术》水稻第十一曰："选地，欲近上流。地无良薄，水清则稻美也"（选择种稻之地，要邻近上游。无论农田肥瘦，水清则水稻都长得好）；"污泉宜稻"（洼地和泉水之处宜种水稻）；"稻：美田欲稀，薄田欲稠"（水稻：肥美的农田要种得稀，贫瘠的农田要种得密）。

相传秦末汉初黄石公（前292—前195）所著的《素书》曰："地薄者大物不产，水浅者大鱼不游"（在贫瘠的土地上生产不出规格大、收获多的农产品，在水浅的地方则大鱼不会来此游动）。可见，沃土种美稻，深水养大鱼，是为上策。《淮南子·说山训》（卷十六）中曰："水广者鱼大"（水深而广则鱼长得大）；又曰："欲致鱼者先通水，水积而鱼聚"（要引来鱼群必先疏通河道。唯有水得到积蓄，鱼才会集聚）。

《齐民要术》养鱼第六十一曰："又作鱼池法：三尺大鲤，非近江湖，仓卒难求。若养小鱼，积年不大。欲令生大鱼法：须载取数、泽、陂、湖，饶大鱼之处，近水际土十数载，以布池底。二年之内，即生大鱼。盖由土中先有大鱼子，得水即生也"（作养鱼池的另一方法是：在非近江邻湖的地方养出 1 米之长的大鲤鱼，很难匆忙急迫得到。倘若养小鲤鱼，过了数年也长不大。想要养大鱼的方法是：需从大小沼泽、陂池、湖泊等丰产大鱼之处，取浅水区泥土十几车，铺放在养鱼池底部，两年内即会有大鱼。这是因为池土中引入了大鱼籽，得水则孵化而出）。这意味着大鱼来自于大的薮、泽、陂、湖中的大鱼籽，可见优质苗种很是关键。

宋代陈旉撰，南宋绍兴十九年（1149）成书的《陈旉农书》上卷泛论农事，涵盖地势之宜、耕耨之宜、天时之宜、六种（泛指南方主要农作物）之宜、粪田之宜、薅耘之宜、善其根苗等篇，尤对水稻种植作了详述："凡种植，先治其根苗以善其本。欲根苗壮好，在夫种之以时，择地得宜，用粪得理。根苗既善，徒植得宜，终必结实丰阜。大抵秧田爱往来活水，怕冷浆死水，青苔薄附，却不长茂。（灌溉）唯浅深得宜乃善"。其生动地阐述了天时、地利、壮苗、栽插、施肥、灌溉等水稻高产种植要点。

（编写者：高辉）

5. 我国稻田生态种养的发展现状如何？

"十三五"以来，在创新、协调、绿色、开放、共享发展新理念的鲜明指引与相关政策措施的有力推动下，稻田生态种养在我国得到了蓬勃发展，规模快速增长，模式持续创新，已成为湖北、湖南、四川、安徽、江苏、贵州、江西、云南等省份不少地方"乡村产业振兴""精准脱贫""一县一业""一村一品""中央农业产业强镇""一二三产业融合发展""现代农业产业园区"等的新兴支柱产业。

稻田生态种养十分契合新时代国家绿色发展重大需求，对于稳粮保供和促进农民增收、农业增效、农村增绿具有突出的重要作用，得到了党和国家的高度重视。多年来，中央 1 号文件和重要会议、相关规划均明确表示支持发展稻田综合种养。多省专门下发文件扶持推动稻田生态种养。据全国水产技术推广总站信息，至 2020 年 5 月，全国仅稻渔综合种养即已发展到了 3 800 万亩*规模。2017 年、2020 年农业农村部先后发布了稻渔综合种养领域水产行业标准 4 项。农业农村部渔业渔政管理局和全国水产技术推广总站、中国水产学会连年发布《中国稻渔综合种养产业发展报告》。先后分两批建设了国家级稻渔综合种养示范区 67 个，创建稻渔综合种养类国家级水产健康养殖示范场 36 个。一批稻水产畜禽类有机产品、绿色食品、地理标志产品与农产品区域公用品牌应运而生。"水稻＋""水产畜禽＋""互联网＋""旅游＋""文化＋"等纷纷发力稻田生态种养领域，多产融合，多业渗透，持续催生新业态，创造新活力，拉动新消费，壮大新经济。价位适中、多滋多味的淡水小龙虾已成为最接地气的"网红美食"。

然而，一些地方因片面重视水产畜禽养殖与经济效益最大化，忽视"守住国家粮食安全生命线"的极端重大意义，忽视经济、社会和生态效益协同最优化，故导致稻田生态种养实践中出现了沟坑占比大、水稻产量低、产品质量不优、市场效益不稳等问题，引发了有关方面对于稻田生态种养是否影响国家粮食安全与水土环境的担忧。目前，国内尚缺少基于无人机航测技术和计算机算法的不同尺度稻田生态种养沟坑比快速精准监测预警等科技支撑研究。在不同尺度稻田生态种养水土环境、水稻产量和品质、水产畜禽动物产量和品质等方面的精准监测预警技术也有待加强熟化研究应用。

整体而言，我国稻田生态种养产业发展进展喜人、成效显著，问题和难点也不少，但发展前景广阔、前途光明，必将在促进乡村振兴和农业农村现代化进程中起到越来越重要的作用。

（编写者：高辉、窦志）

---

* 亩为非法定计量单位，1 亩≈667 米^2，余同。——编者注

二、政策篇

6. 我国已经出台的稻田生态种养政策有哪些?

2015 年、2016 年、2017 年、2020 年的中央 1 号文件强调"种养结合""稻田综合种养",为稻田生态种养指明了前进方向,提供了根本遵循,注入了强大动力。

《国务院办公厅关于加快转变农业发展方式的意见》(国办发〔2015〕59 号)文件提出"统筹考虑种养规模和环境消纳能力,积极开展种养结合循环农业试点示范。发展现代渔业,开展稻田综合种养技术示范,推广稻渔共生、鱼菜共生等综合种养技术新模式"。《农业部、国家发展改革委、科技部、财政部、国土资源部、环境保护部、水利部、国家林业局关于印发〈全国农业可持续发展规划(2015—2030)〉的通知》(农计发〔2015〕145 号)文件指出,要优化调整种养业结构,促进种养循环、农牧结合、农林结合;开展粮改饲和种养结合型循环农业试点;因地制宜推广节水、节肥、节药等节约型农业技术,以及稻渔共生等生态循环农业模式。《农业部关于印发〈全国渔业发展第十三个五年规划〉的通知》(农渔发〔2016〕36 号)文件指出,启动稻渔综合种养工程,以稻田资源丰富地区为重点,建设一批规模大、起点高、效益好的示范基地,推进稻鱼、稻虾、稻蟹、稻鳖、稻蛙、鱼菜共生以及养殖品种轮作等综合种养模式的示范推广;稻田资源丰富的丘陵山区,发展山区型稻田综合种养。

《农业农村部办公厅关于规范稻渔综合种养产业发展的通知》(农办渔〔2019〕24 号)文件指出,我国稻渔综合种养产业快速发展,在促进乡村振兴、脱贫攻坚和渔业高质量发展等方面发挥了重要作用；但是个别地区或从业者片面追求经济利益，忽视社会效益，出现稻渔综合种养沟坑面积过大、种养环境不达标、稻米产量偏低、产品抽检不合格等情况，影响了产业的健康发展；要以"稳粮增收"为根本前提，以"不与人争粮，不与粮争地"为基本原则，按照 SC/T 1135.1《稻渔综合种养技术规范　第1部分：通则》的有关要求（沟坑占比不超过总种养面积的10%，水稻平原地区亩产量不低于 500 千克、丘陵山区亩产量不低于当地水稻单作平均单产）对沟坑占比和水稻产量等指标进行严格控制。

（编写者：窦志）

7. 稻田生态种养领域的科技发展项目有哪些？

科学技术部在国家重点研发计划"蓝色粮仓科技创新"重点专项 2020 年度项目中，设立了"渔农综合种养与综合利用模式示范"项目。研究内容为：针对渔农综合种养与综合利用面临的工程化水平低、资源综合利用效率不高、生产标准化水平低等突出问题，集成渔农综合种养的物种配比、系统工程化生态种养、加工品质保持与智能调控等关键技术，构建鱼-稻、虾-稻、蟹-稻、鱼-菜等高效生态渔农综合种养模式，并在西南、华中、华东等区域开展应用示范，实现渔农综合种养与综合利用的绿色高效发展。

稻田生态种养领域的国家级科技发展项目还包括：科学技术部组织实施的相关国家重点研发计划课题或任务，科学技术部组织实施的国家自然科学基金重点国际（地区）合作研究项目、重点项目、面上项目、青年科学基金项目、地区科学基金项目等，科学技术部组织实施的国家星火计划项目，农业农村部、财政部组织实施的农业重大技术协同推广计划试点项目，农业农村部、财政部组织实施的国家水稻产业技术体系、国家特色淡水鱼产业技术体系、国家虾蟹产业技术体系等首席科学家、岗位科学家、综合试验站项目，农业农村部、财政部组织实施的中央农业产业强镇示范建设项目，农业农村部组织实施的国家级稻渔综合种养示范区建设项目、稻渔综合种养类国家级水产健康养殖示范场建设项目，农业农村部组织实施的"互联网＋"农产品出村进城工程试点县项目，中国工程院实施的战略研究与咨询项目，国家标准化管理委员会组织实施的国家级农业标准化示范区项目等。

稻田生态种养领域的省市级科技发展项目包括：省级重点研发计划项目，省级农业重大技术协同推广试点项目，省级自然科学基金项目，省级相关产业技术体系项目，省级高标准农田、优质粮食工程、现代农业产业园、特色农产品优势区、农业科技园、农村创业园、农业高新技术产业示范区、农村产业融合发展示范园、数字农业、休闲观光园区、田园综合体等建设项目，省级农业科技创新与推广项目，以及市级科技发展项目等。

（编写者：窦志）

8. 湖北省出台的稻田生态种养扶持政策有哪些？

《湖北省人民政府办公厅关于印发湖北省推广"虾稻共作稻渔种养"模式三年行动方案的通知》（鄂政办发〔2018〕55号）文件指出，到2020年，全省虾稻共作、稻渔种养模式发展到700万亩，形成一套成熟的田间工程建设、生产经营管理和产业发展支撑体系，实现亩产千斤*稻，亩增收2 000元；综合种养生态效益进一步发挥，与单一种稻相比，主产区农药、化肥施用量亩均减少50%以上；小龙虾和稻米产业化水平进一步提高，产业链进一步拓展，品牌知名度、美誉度、市场影响力大幅提升。

该文件中的保障措施强调要加强政策引导。省级继续整合涉农资金，加大对虾稻共作、稻渔种养产业的支持力度。省财政统筹相关资金，按照全省农产品品牌创建规划，集中用于小龙虾、稻米区域公用品牌的良种选育、服务体系建设、行业标准制定、质量监测、品牌打造等工作。省农业农村厅制定指导意见，引导市县统筹使用相关资金用于虾稻共作、稻渔种养产业发展及品牌建设。进一步加大政府引导和财政补贴力度，扩大小龙虾、稻米等品种的政策性保险实施范围，加快推行虾稻共作、稻渔种养小额金融贷款。省农业信贷担保有限公司加大对有关经营主体的担保力度，积极引入基金等金融资金，做好各方面金融服务工作。各地要充分发挥财政、金融资金的引导作用，

---

　* 斤为非法定计量单位，2斤＝1千克，余同。——编者注

· 9 ·

积极通过奖补、贴息等方式激励各类经营主体投入虾稻共作、稻渔种养产业，形成多元化投入格局。

湖北省以"四个坚持"（坚持以粮为本、规范发展，坚持因地制宜、科学规划，坚持产业融合、多元发展，坚持政府引导、市场运作）为基本原则，将"虾稻共作""稻渔种养"模式并行并举，以长江流域、汉江流域、江汉平原以及沿河、沿湖、沿库等水资源丰富和土壤类型适宜的地区为适宜区，优先开发低湖田、冷浸田、冬闲田，明确了 700 万亩虾稻共作、稻渔种养规模，强调了田间工程建设、生产经营管理和产业发展支撑体系建用，明晰了水稻单产、单位面积增收与药肥调减的具体目标，突出了品牌知名度、美誉度、市场影响力的提升，并从产业发展、品牌创建、财政补贴、政策性保险、金融支农、奖补贴息等方面配套提出了系列化政策引导保障措施。

（编写者：窦志）

9. 安徽省出台的稻田生态种养扶持政策有哪些？

《中共安徽省委 安徽省人民政府关于抓好"三农"领域重点工作确保如期实现全面小康的实施意见》（皖发〔2020〕1 号）文件强调"推进水产绿色健康养殖，年内新增稻渔综合种养 80 万亩以上，总面积达 400 万亩"。

《安徽省农业农村厅关于稻渔综合种养百千万工程的实施意见》（皖农渔〔2018〕216 号）文件提出了主要目标，即"从 2019 年开始，每年新增种养面积 100 万亩以上、亩产粮食 1 000 斤以上、亩综合产值 10 000 元以上（即稻渔综合种养百千万工程），到 2022 年，全省稻渔综合种养面积达到 600 万亩"。与单纯种植水稻相比，稻渔综合种养单位面积化肥使用量减少 30%、农药使用量减少 40% 以上。稻渔综合种养产业化水平显著提高，经济、生态效益显著提升，可持续发展能力显著增强"。到 2022 年，力争建设 3 个稻渔综合种养面积达 100 万亩以上的重点市，10 个稻渔综合种养面积达 30 万亩以上的重点县，30 个连片规模 5 000 亩以上"标准化、规模化、园林化、智能化"高规格示范基地；力争在全省建设 30 个规模 500 亩以上、良种繁育 2 000 万尾以上的育繁推一体化小龙虾良种生产基地；培育 10

个稻渔综合种养科技领军企业，10个科技型稻渔综合种养专业合作社，100名稻渔综合种养科技领军人才；力争打造3~5个有影响力的小龙虾、稻米区域品牌；培育稻渔综合种养大米和水产品中国驰名商标、省著名商标、安徽名牌产品10个以上，认证"三品一标"产品100个以上；力争培育3~5个年产值超过3亿元的小龙虾加工企业，创建20个左右农旅结合的龙虾特色小镇，打造3个一二三产业综合产值超50亿元的稻虾综合种养融合发展强县。

安徽省农业农村厅将稻渔综合种养纳入粮食、渔业绿色攻关模式等重点支持范围，有条件的地区设立专项资金支持稻渔综合种养发展，重点支持示范基地建设、提升综合种养科技水平、促进一二三产融合、良种繁育、病虫害绿色防控和技术研发推广。支持贫困县统筹整合财政涉农资金，宜稻渔贫困县将省级下达的农业生产发展、农业产业化发展、扶贫等专项资金，优先用于稻渔综合种养产业精准扶贫。省农业信贷担保公司、农业产业化发展基金对符合条件的稻渔综合种养产业项目优先予以支持。切实保障稻渔综合种养产业相关生产、加工、交易和物流等用地，落实用电、税收等优惠政策。符合条件的小龙虾出口企业，同等享受外贸优惠政策。省有关部门及重点市、县政府在安排农田水利、农业综合开发、扶贫开发等项目时，积极支持与稻渔综合种养相关的公益性、基础性设施建设。

（编写者：窦志）

10. 湖南省出台的稻田生态种养扶持政策有哪些?

《湖南省人民政府办公厅关于加快转变农业发展方式的实施意见》（湘政办发〔2015〕115号）文件指出，积极开展种养结合循环农业试点示范，支持农村地区特别是贫困地区实施稻田综合种养基础设施改造，推广稻-鱼（虾蟹、鳅鳝、鸭、蛙等）共生及稻鱼轮养轮种等综合种养新模式，到2020年，全省稻田综合种养面积达到500万亩。可见，湖南省对稻田综合种养工作高度重视，有着前瞻思考，强调了"农村地区特别是贫困地区"，因地制宜推广稻田综合种养新模式，率先将稻田综合种养与打赢脱贫攻坚战、全面建成小康社会目标结合融合，并较早在国内明确了省级稻田综合种养规模指标。

　　《中共湖南省委 湖南省人民政府关于实施乡村振兴战略开创新时代"三农"工作新局面的意见》（湘发〔2018〕1号）文件强调"大力推广稻田综合种养、'猪沼果（菜、茶）'、林下种养等生态循环农业模式，促进农林水产畜禽结合、种养加一体"。该文件同时强调"持续加大财政投入，坚持把'三农'作为财政支出的优先保障领域，确保财政投入与乡村振兴目标任务相适应。落实好《国务院关于探索建立涉农资金统筹整合长效机制的意见》，加大涉农资金统筹整合力度，优化财政供给结构。加强涉农资金监管，提高涉农资金使用效率"。

　　《湖南省人民政府办公厅关于创新体制机制推进农业绿色发展的实施意见》（湘政办发〔2018〕84号）文件指出，开展种养结合循环农业试点示范，大力发展稻田综合种养，打造种养结合、生态循环的田园生态系统。

　　《中共湖南省委 湖南省人民政府关于落实农业农村优先发展要求做好"三农"工作的意见》（湘发〔2019〕1号）文件强调"大力发展绿色循环农业"及"开展种养循环农业试点示范，2019年新增稻渔综合种养50万亩以上"。

　　《中共湖南省委 湖南省人民政府关于抓好全面小康决胜年"三农"领域重点工作的意见》（湘发〔2020〕1号）文件指出，大力发展名优特水产和稻渔综合种养。此文件突出了"大力发展"，且强调了"稻渔综合种养"，彰显了新时代稻渔综合种养的重要地位与作用。

（编写者：窦志）

11. 江苏省出台的稻田生态种养扶持政策有哪些？

　　《中共江苏省委 江苏省人民政府关于推动农业农村优先发展做好"三农"工作的实施意见》（苏发〔2019〕1号）文件强调"推广优质专用品种和稻田综合种养等高效模式"。

　　《江苏省农业农村厅 江苏省自然资源厅 江苏省水利厅关于加快推进稻田综合种养发展的指导意见》（苏农渔〔2019〕29号）文件提出了坚持因地制宜、坚持规范发展、坚持市场导向、坚持品牌驱动四个基本原则，明确了"计划未来3年，每年新增稻田综合种养面积100万亩，到2022年达到450万亩，力争达500万亩，发展模式进一步完善，产业化水平进一步提高，品牌知名度、美誉度、市场影响力进一步提升，生态经济效益进一步彰显，对乡村产业振兴的支撑作用进一步发挥"的发展目标，明晰了优化生产布局、加强基础建设、保障良种供给、强化标准推动、加快品牌培育、推进融合发展六项主要任务。

该文件明确了相关扶持政策，具体包括：省级将对稻田综合种养加大扶持力度，重点对基础设施建设、配套良种工程、技术研发推广、病害防控等关键环节予以扶持，将其纳入省级现代农业发展专项资金、耕地休耕轮作、良种建设、水利建设等涉农资金扶持范围，支持稻田综合种养整县、整镇推进，对发展成效大的县（市、区）、乡镇予以奖补支持；要求各地要加快清理现有制约稻田综合种养发展的不合理政策，积极引导激励各类经营主体投入稻田综合种养产业，统筹用好土地整理、高标准农田建设、电网建设、耕地轮作休耕等涉农资金，加大对稻田综合种养连片开发和基础设施建设的支持力度；发挥政策性保险、金融贷款和贴息对产业发展的促进作用，加大小龙虾、河蟹等水产品价格指数保险、金融贷款、贴息对稻田综合种养的支持力度。

该省成立了省级稻田综合种养发展工作推进协调小组，定期研究稻田综合种养工作开展情况，协调解决有关问题，指导推进全省稻田综合种养发展工作。同步成立了省级稻田综合种养模式专家指导组，负责指导各地稻田综合种养发展规划编制与实施，指导各地围绕基础设施、良种配套、繁养分离、质量安全等关键环节开展试点示范，集成一批可复制、可推广的稻田综合种养绿色发展模式，以点带面，促进全省稻田综合种养健康发展。

（编写者：窦志）

12. 四川省出台的稻田生态种养扶持政策有哪些?

《四川省农业厅关于加快发展稻渔综合种养的指导意见》（川农业函〔2017〕324号）文件强调了"稻渔综合种养突出以粮为主，具有稳粮、促渔、增效、提质、生态等多方面功能"，提出了"发展稻渔综合种养，要不断完善稻渔综合种养模式和技术，充分调动农业新型经营主体积极性，并通过规模化开发、集约化经营、标准化生产、品牌化运作扎实推进。稻渔综合种养一要突出以粮为主，二要突出生态优化，三要突出产业化发展，要把稻渔综合种养发展成'养鱼稳粮工程'。到 2020 年底，全省新增稻渔综合种养 100 万亩，综合效益达到 100 亿元；全省稻田养鱼总面积达到 500 万亩，综合效益达到 300 亿元"的发展目标，明确将稻渔综合种养纳入现代农业发展工程项目，积极争取各级财政支持，充分利用项目资金引导作用，创新投入机制，整合项目资金，多方鼓励各种资金参与，用于稻渔工程基础设施建设、良种补贴、种养技术模式探索和技术培训等。

根据 2020 年 8 月 5 日四川省人民政府网站《四川用 3～5 年发展稻渔综合种养 500 万亩》信息，该省计划用 3～5 年时间，以乡镇为基本单位，发展稻渔综合种养超 500 万亩，通过稻渔综合种养产出的水产品达到 50 万吨。该省约有 3 000 万亩水稻面积，其中冬水田面积 600 万亩以上，开发潜力巨大。在稻渔综合种养模式下，"一地双业、一水双用、一田双收"是破解种粮效益低、农民种粮积极性不高的重要举措。四川省已首批启动了邛崃、新津、隆昌、开江 4 个县（市、区），崇州白头、广汉高坪等 10 个乡（镇）开展"鱼米之乡"创建试点示范，验收达标将获得"先建后补"奖励。四川省将构建以省级星级水产园区为核心、市级为主体、县级为支撑的梯级水产园区发展格局。继续加强省级星级水产园区培育，打造一批渔业产业美、渔业文化美、渔业生态美、村民生活美的美丽渔村，大力培育和引导新型经营主体进园区。全力推进"质量兴渔"行动，2020 年新建水产养殖示范基地 56 个，力争创建全国渔业健康养殖示范县 2 个、国家级水产健康养殖示范场 20 个、省级水产健康养殖示范场 100 个。

（编写者：窦志）

13. 其他省（自治区、直辖市）出台的稻田生态种养扶持政策有哪些？

《江西省人民政府办公厅关于加快推进渔业高质量发展的实施意见》（赣府厅发〔2020〕24 号）文件指出，到 2025 年，全省稻渔综合种养面积突破 350 万亩。充分挖掘低洼田、冷浆田、内涝田等宜渔稻田潜力，大力推进稻渔综合种养发展。充分利用高标准农田和农业结构调整项目，引导发展不挖沟的稻虾综合种养技术模式。充分发挥大宗淡水鱼、特种水产、稻田综合种养、水产业重大技术协同推广等四大技术体系的支撑作用，构建产、学、研、推、用为一体的科技创新联盟，突破制约渔业高质量发展的关键技术和共性技术，科学提高渔业单产水平。以打造国家级小龙虾产业集群为契机，推动建设甲鱼、鳗鱼、河蟹、泥鳅等优势特色产业集群，提高优势特色水产品供应能力和生产水平。该文件强调要统筹整合相关涉农财政资金，采取"以奖代补""先建后补"等方式，支持鱼塘生态化改造、养殖尾水治理、稻渔综合种养、水产品加工、设施渔业、品牌创建。加大招商引资力度，吸引工商资本和社会资金投入。充分发挥"财政惠农信贷通"和政策性农业信贷担保作用，引导金融机构对发展渔业的新型经营主体给予贷款支持。鼓励水域滩涂依法通过转让、出租、入股、抵押等方式进行流转，满足产业发展需求。鼓励开发利用荒滩、荒水、洼地等土地，建设标准化养殖基础设施，发展规模化水产养殖。对渔业生产用水、用电，按照农业生产标准收费。鼓励保险机构积极开发各类水产养殖保险产品，逐步扩大保险覆盖面，提高风险保障水平。支持符合条件的水产养殖装备纳入农机购置补贴范围。该文件将稻渔综合种养纳入江西省渔业大产业加以全盘考虑与系统谋划，目标明确，重点突出，措施有力，政策到位，具有前瞻性、科学性与可行性。

近年来，广西壮族自治区、河南省、贵州省、浙江省、云南省、辽宁省等人民政府办公厅或农业农村厅或多部门相继出台了有关加快推进稻田或稻渔综合种养产业发展的实施意见，提出了应遵循的基本原则、具体的目标任务、明确的重点工作与相应的保障措施，切实推进稻田高质高效生态种养产业发展。

（编写者：窦志）

14. 为什么要促进稻田生态种养领域产学研用协同创新？

"协同创新"是指聚焦国家行业产业重大需求，汇聚优质创新资源，突破企业、高校、科研院所、技术推广机构等创新主体间的"鸿沟"与"壁垒",探索建立多元协同的开放、集成、高效新模式与新机制,激发释放"人才、土地、资本、信息、技术"等创新要素活力,实现各方优势互补、深度合作、融合协同与成果共享,加速重大产业链技术推广应用和产业化开发。

稻田高质高效生态种养不仅涉及农业企业和其他新型农业经营主体、高等院校、科研院所、农业和水产技术推广机构等,关联到水稻育种、栽培、土肥、植保和水产畜禽苗种繁育、养殖、饲料以及共性的农机、信息、资源环境、技术推广、农业经济、农产品质量安全、加工、营销等,还牵涉到科技、自然资源、生态环境、水利、农业农村、市场监督管理、粮食和物资储备等政府部门。可见,参与稻田高质高效生态种养技术研发与示范推广及产业化开发的单位多、领域多、学科多、部门多,因而容易形成产业链上中下游的"鸿沟""壁垒",影响创新要素活力的发挥,加大了有机融通和高效创新的难度。

为此,除了建立稻田高质高效生态种养工作联席会议机制外,此领域的产学研用协同创新显得特别重要、特别关键,有助于争取多部门的大力支持,有利于突破科技创新领域的体制机制障碍。通过建成全产业链高水平创新团队,围绕国家重大需求,协同承担国家"蓝色粮仓科技创新""粮食丰产增效科技创新"等重大创新任务,人才互聘,平台共享,集中力量,组织攻关,协同解决稻田高质高效生态种养领域"卡脖子"的重大问题和难题,协同创建硬核的重大成果,协同培养创新创业人才,协同产生重大效益,协同形成重大影响,以达到聚力协同创新、攀登科学高峰的根本目的。

(编写者:高辉)

三、模式篇

15. 稻田生态种养模式主要有哪些？

目前，我国的稻田生态种养模式繁杂多元，大宗模式规模宏大、优势明显，小宗模式因地制宜、活力强劲。其主要包括以下四大类：

一是稻渔生态种养模式类。具体包括稻-淡水小龙虾（克氏原螯虾）、稻-淡水小青虾、稻-澳洲小龙虾、稻-南美白对虾、稻-罗氏沼虾、稻-蟹、稻-鳖、稻-鳅、稻-鳝、稻-鲶、稻-鲤、稻-稻花鱼、稻-锦鲤、稻-鲫、稻-鲢、稻-鳙、稻-黄颡鱼、稻-斑点叉尾鮰、稻-乌鳢、稻-沙塘鳢、稻-鳜、稻-螺等20多种模式。根据农业农村部渔业渔政管理局、全国水产技术推广总站、中国水产学会联合发布的《中国稻渔综合种养产业发展报告（2020）》，稻-淡水小龙虾生态种养模式面积最大，其次是稻-鱼（主要为鲤鱼）生态种养模式，均远超稻-蟹、稻-鳅、稻-鳖、稻-螺等生态种养模式面积。

二是稻牧生态种养模式类。具体包括稻-鸭、稻-猪、稻-羊、稻-鸡、稻-鹅等模式。其中以稻-鸭生态种养模式应用面积最大，但在规模上不及稻-淡水小龙虾、稻-鱼生态种养模式。

三是稻田特种动物生态种养模式类。具体包括稻-牛蛙、稻-青蛙、稻-蟾蜍、稻-蛭等模式，但均为小面积生态种养，大多需要获得许可。蟾蜍、蛭等均偏向药用。

四是稻田生态复合种养模式类。具体包括稻-鸭-鱼、稻-鸡-斑点叉尾鮰、稻-淡水小龙虾-鳜、稻-蟹-鳜、稻-蟹-青虾等模式。稻田周年生态复合种养的模式则更多，具体包括稻-虾-草-鹅、稻-蟹-鳜-青虾、一稻两虾（克氏原螯虾）、一稻三虾（克氏原螯虾）等。

各地根据自身的政策条件、资源禀赋、历史传承、民俗文化、产业基础和经济发展水平状况，结合农业产业发展目标与市场需求，因地制宜地选用一种或数种稻田生态种养模式，丰富"水稻＋"外延与内涵，进行适度规模化、产业化、智慧化、标准化、品牌化发展，使之成为助力乡村产业振兴、助推农业农村现代化建设的新兴的高活力产业。

（编写者：高辉、窦志）

16. 什么是稻-淡水小龙虾生态种养模式？

稻-淡水小龙虾生态种养模式是一种利用稻田连作或共生种养水稻和淡水小龙虾，提高稻田综合效益的生态种养模式（图 2）。常规淡水鱼类、蛙类、中华鳖等水生动物的快速生长期是每年的 6—10 月，而淡水小龙虾的快速生长期是每年的 3—6 月，因而具有生长速度快、养殖周期短（从虾苗投放到捕捞销售只需 60 天左右）的特点。淡水小龙虾集中出苗期（每年 11 月至翌年 3 月）、养殖期（3—6 月）与单季水稻种植期（6—10 月）可以有效衔接，错位或共生种养，生态循环，高效产出。

图 2　稻-淡水小龙虾生态种养模式

近年来，稻-淡水小龙虾生态种养面积迅速扩大，已位居我国稻渔综合种养模式之首。《中国稻渔综合种养产业发展报告（2020）》显示，2019 年全国稻-淡水小龙虾生态种养面积达到 1 658.15 万亩，淡水小龙虾产量 177.25 万吨；该模式主要分布在我国长江中下游地区，其中湖北、安徽、湖南、江苏、江西 5 省产量占稻-淡水小龙虾种养模式产量的 97.23%。

经过多年的创新探索和凝练总结，稻-淡水小龙虾生态种养模式主要包括稻虾连作和稻虾共生，以及延伸发展而成的"一稻三虾（稻前虾、稻中虾、稻后虾）"生态种养新模式等。

（编写者：黄鸿兵）

17. 稻-淡水小龙虾生态种养模式的技术要点有哪些？

稻-淡水小龙虾生态种养模式的技术要点主要包括前期准备、稻虾连作与稻虾共生的种养管理等。

（1）前期准备　主要包括稻田选择、田间工程、清杂消毒、水草移栽、培肥水体等。

①稻田选择。单一田块面积 5 亩以上，以 30～50 亩作为 1 个生产单元为宜。水源充足、排灌方便，土质为壤土或黏土。产地环境条件符合相关标准要求。

②田间工程。参照 SC/T 1135.4《稻渔综合种养技术规范　第 4 部分：稻虾（克氏原螯虾）》要求，距离稻田外埂内侧 1～2 米处开挖边沟，边沟结合稻田形状和大小，可挖成 I、L、U 等形状。沟宽 2～4 米，沟深 0.8～1.5 米，坡比 1∶1，边沟面积不超过稻田总面积的 10%。在交通便利的一侧留宽 4 米左右的机械作业通道。在稻田进排水口及外埂上设防逃网，以防敌害生物随水进入和淡水小龙虾外逃。利用开挖边沟的泥土加宽、加高外埂，逐层打紧夯实，要求堤埂不裂、不垮、不渗漏。在靠近边沟的田面筑好 1 圈高 20 厘米、宽 30 厘米的内埂，将田面和边沟分隔开。

③清杂消毒。采用生石灰或茶粕对沟池和稻田进行带水消毒、除杂，杀灭蛙卵、黄鳝及其他水生敌害生物和寄生虫等。

④水草移栽。水草品种包括伊乐藻、轮叶黑藻、苦草、水花生等，一般移栽时选择 2 个以上品种。提高水位至田面上 20 厘米，在田面上种植伊乐藻（视频 1），种植面积占稻田面积的 30%～35%。边沟内种植伊乐藻、轮叶黑藻、水花生等水草，种植面积占边沟面积的 30% 左右，其中伊乐藻种植时间与田面上种植伊乐藻时间相同，轮叶黑藻种植时间宜在 3—5 月，水花生宜在春季水温高于 15℃时种植。

· 19 ·

⑤培肥水体。伊乐藻等水草成活后，保持稻田田面水位在20～30厘米，投放腐熟的家禽粪肥100～200千克/亩，培育轮虫、枝角类、桡足类等浮游生物，再施尿素0.5～1.0千克/亩，培育浮游藻类，作为淡水小龙虾苗种的基础饵料。

（2）稻虾连作技术要点　该模式是种植一季中稻，每年8—10月在边沟放养亲虾（视频2），翌年2月开始捕捞繁殖后的亲虾进行销售，翌年3月底开始捕捞虾苗和成虾。6月中下旬，淡水小龙虾捕捞结束后，开始种植水稻。水稻以钵苗精准机插为佳（视频3），利于获得优质高产。水稻搁田后在边沟放养亲虾，一般投放亲虾15～20千克/亩，适当投喂优质饲料。当11月发现幼虾后，增加投喂次数，水温低于10℃时可不投喂。

在水稻搁田期，保持边沟50～60厘米水位；水稻收割后至11月，保持田面水深30厘米；入冬气温下降则提高水位；翌年3月，可适当降低水位使水温上升；4月中旬开始，用大眼地笼网捕商品虾，捕获的小规格虾不能回塘；在稻田插秧前全部捕完。

（3）稻虾共生技术要点　该模式是淡水小龙虾与中稻共生种养模式。每年3—4月放养小龙虾幼虾，规格为200～400尾/千克，放养量为5 000～6 000尾/亩，均匀投放在边沟中。5月中下旬，开始放置地笼（视频4）、捕捞淡水小龙虾（视频5）。6月中下旬，排水露田，将淡水小龙虾赶入边沟内，稻田开始种植水稻，宜采用钵苗机插栽培方式。于水稻群体高峰苗前后，去除与边沟相对应的稻田内埂，让淡水小龙虾进入田间觅食。稻田水位维持在30厘米左右。9月中下旬前后捕出稻田虾，结束养殖。为了保证淡水小龙虾生长安全，稻田不得施用化学农药、碳酸氢铵等。

视频1：　　视频2：　　视频3：　　视频4：　　视频5：
种植水草　　投放虾苗　　钵苗机插　　放置地笼　　捕捞龙虾

（编写者：黄鸿兵）

18. 什么是稻-淡水小青虾生态种养模式？

淡水小青虾（日本沼虾）亦称青虾、河虾，具有繁殖力高、食性广、适应性强、肉质鲜美等特点，可周年上市，且常年市场售价高。青虾属纯淡水水产品种，生活于江河、湖沼、池塘等内，冬季栖息于水深处，春季水温上升后，开始向岸边移动，夏季在沿岸水草丛生处索饵和繁殖。青虾产卵期为 4 月至 9 月初，盛期为 6 月和 7 月。适宜水温是 18～28℃。越冬后的母虾在 4—7 月间可连续产卵两次。当第一次所产的卵孵化时，卵巢又已成熟，接着进行蜕皮、交配和第二次产卵。两次产卵所隔的时间为 20～25 天。当年的新虾群体中，部分体长在 2.4～3.5 厘米的新虾一般在 8 月性成熟并抱卵。

稻-淡水小青虾生态种养模式主要分布在长江中下游地区。青虾的优点是生长速度快，缺点是不耐运输、离水成活率低。利用稻田空闲或稻田水位较高的月份开展青虾养殖，每亩收获 30～50 千克，在本地就近销售，可获得较好的经济效益。

稻田生态高效养殖青虾既利于水稻生长，减少肥药施用，改善稻田环境，也对青虾的新陈代谢有较好的促进作用。实践中，应充分利用稻田大水面资源，适当增加饵料投入，实行两茬养殖法，即春季养虾和秋季养虾。

（编写者：黄鸿兵）

19. 稻-淡水小青虾生态种养模式的技术要点有哪些？

稻-淡水小青虾生态种养模式的技术要点主要包括环境条件、虾苗放养、水稻品种与栽插、青虾饲养管理、水稻大田管理、青虾捕捞与留种等。

（1）环境条件　稻田通风性能好，进排水方便；水质优良，pH 7 左右，溶氧不低于 4 毫克/升。根据田块面积大小，开挖 I、L、U 等形状的边沟，沟宽 2～4 米，沟深 0.8～1.5 米，坡比 1∶1，边沟面积不超过稻田总面积的 10%。留有机械作业通道。进排水口用 40 目网片套牢，保持水流畅通，防止敌害进入。每 10 亩稻田配备 1 台水泵或设置 1.5 千瓦的叶轮式增氧机 1 台。

（2）虾苗放养　青虾苗种放养前 15 天左右，用生石灰 75～
100 千克/亩均匀泼洒于边沟。放养前 7 天，按 100 千克/亩的量施足
经发酵的人畜肥等有机肥，培育浮游生物。选种伊乐藻、轮叶黑藻等
水草，水草覆盖面积约为边沟面积的 40%。春季放养时，虾种体长
2.5～3.0 厘米，规格 2 000～3 000 尾/千克，每亩放养 15 千克；虾
苗规格基本一致，体质健壮，活力强，体表干净无附着物，附肢齐
全，一次放足；放养时间一般为 12 月至翌年 2 月。秋季放养时，捕
尽稻田边沟中的青虾后清塘，重新放养虾苗，放养密度 4 万～5 万
尾/亩，体长 1.2～1.5 厘米，宜在天气晴好的早晨进行。坚持带水作
业，动作要轻，虾种不宜在容器内堆压。

（3）水稻品种与栽插　连作种养模式下，水稻品种应选择优
质、丰产、抗倒、生育期较短、耐高温、抗病虫害的品种，共生种
养模式下应选择优质、丰产、生育期适中、高秆且特别抗倒、栽后
早生快发、株型紧凑、抗病虫害的品种。水稻栽插前，排水露田
7～10 天，沉实土壤，平整田面。水稻插秧时水位保持在 2～3 厘
米。施用基肥，以有机肥或复合肥为佳。采用水稻钵苗机插或毯苗
机插栽培方式。

（4）青虾饲养管理　虾苗投放时，边沟水位应尽量保持在 1 米以
上，每 2～3 天加注 1 次新水。夏季高温季节，中午前后加水，促进
水上下对流，降低水温，增加溶氧；7—9 月，每 7 天换 1 次水，每
次换水量 20 厘米左右。定期泼洒生石灰水 20 毫克/升，利用光合细
菌等生物制剂防止蓝绿藻产生，水体透明度控制在 30～40 厘米。3—
4 月向边沟内投放水花生、马来眼子菜等水草。用绳索或竹木棍将水
草固定在沟边，构筑成多个"虾巢"。夏季水草生长旺盛时，遮阴面
积不宜超过边沟水面 20%。虾苗阶段以浮游生物和有机碎屑为饵料，
可少量投喂商品饲料或幼虾专用颗粒饲料。当虾苗体长达 2 厘米以上
时，可投喂人工混合饲料。当体长 3 厘米以上时，要求饲料蛋白质含
量 30%。当体长 4 厘米以上时，饲料蛋白质含量调整为 28%～30%。
基础投喂量的标准为：3—4 月为虾体重的 2%～3%，4—5 月为
5%～8%，6—9 月为 6%～10%，10—12 月为 2%～3%。定时定位
定量投喂时，可根据青虾的生长、摄食及天气情况适当增减投喂量和

投喂次数，以确保饲料利用效果。

（5）水稻大田管理

①插秧后稻田水位保持在3～5厘米，促进返青活棵、早生快发，并以水控草。茎蘖数达预期穗数80%时落干晒田。之后，稻田浅湿交替灌溉，促进水稻强根壮蘖与灌浆结实。共生种养模式下，宜建立30厘米左右水层，引虾入田，减肥减药，优化稻田生态。水稻成熟前1周断水，10月底前后适时收获。

②较当地常规栽培减量20%～30%施用分蘖肥，基于叶色诊断法适时施用穗肥，主攻大穗。

③田边安装频振式灭虫灯。利用物理和生物方法防治飞虱、螟虫、条纹叶枯病、稻纵卷叶螟、纹枯病、稻曲病等。必要时可施用对青虾无害安全的生物农药防治水稻病虫害。

（6）青虾捕捞与留种　青虾生长速度较快，经2～3个月养殖时间，4月下旬开始大部分个体已达商品规格，即可捕捞，低温或活水车充氧运输上市。采用虾笼、地笼等捕虾工具，捕大留小。每次起捕作业5～6天，间隔数天再捕捞。体长3厘米以下的青虾可留作下年春季养殖的虾种。

（编写者：黄鸿兵）

20. 什么是稻-澳洲小龙虾生态种养模式？

澳洲小龙虾又名澳洲淡水小龙虾，原产于澳大利亚，是世界最名贵的淡水经济虾种之一。因其体色褐绿，大螯外侧顶端有一膜质鲜红带，故又称红螯螯虾。其体大肥美（个体平均规格100～200克），营养丰富，可食比率高（腹部占总体重的45%左右），肉质滑嫩、香甜、爽口，可鲜活上市（离开水体最高存活时间达15天）。澳洲小龙虾食性杂，动物性、植物性饲料以及人工配合饲料皆可食，适应性强（水温5～35℃均能生存），成活率高，抗病能力相对强，生长快、产量高、经济效益好，当年放养当年收获。我国江苏、福建、浙江、江西等地区均有养殖，分池塘养殖和稻田养殖两种模式。

稻-澳洲小龙虾生态种养模式是一种具有较高经济效益的水稻和澳洲小龙虾共生种养模式。单季水稻种植周期一般为6—10月，澳洲小龙虾养殖周期一般为 7—9 月。澳洲小龙虾产量能达 150 千克/亩。

（编写者：黄鸿兵）

21. 稻-澳洲小龙虾生态种养模式的技术要点有哪些?

稻-澳洲小龙虾生态种养模式的技术要点主要包括稻田改造、种养前准备、水稻种植、虾苗放养和种养管理等。

（1）稻田改造　稻田排灌方便，水质优良，溶氧达 5～6 毫克/升，pH6～7。沿稻田外埂内侧 60～80 厘米处，开挖 I、L 等形状的边沟，沟宽 2.0～2.5 米，沟深 0.8～1.0 米。虾沟面积不超过稻田总面积的 10%。外埂高出稻田平面 0.8～1.0 米，底部宽 0.8～1.0 米，顶部宽 0.4～0.6 米。留出农机作业通道。进排水口设置 80 目过滤绢网。外埂四周设置高出埂面 40 厘米、基部入土 15 厘米的围栏，作为防逃逸、防敌害设施。在靠近边沟的田面筑一圈高 20 厘米、宽 30 厘米的内埂，将田面和边沟分隔开。

（2）种养前准备　水稻移栽前 10 天，排干田水，用 150 千克/亩的生石灰加水化浆后进行全田泼洒消毒。水稻种植前 1 周，一次性施足基肥，每亩稻田施农家肥 200～250 千克、磷肥 30～50 千克，均匀撒在田面，机耕耙匀。虾沟中栽植伊乐藻，每隔 2 米栽植 1 簇，以点状分布，或种植一定的水花生，栽植面积占虾沟面积的 30%。

（3）水稻种植　选择优质、丰产、抗倒伏、抗病虫害和生长期较短的水稻品种。5 月中下旬育秧，6 月中下旬钵苗或毯苗机插。出于保障粮食安全和兼顾澳洲小龙虾养殖考虑，水稻栽插行距为 28～30 厘米，株距 15～17 厘米，亩栽 1.31 万～1.59 万穴，每穴 2～3 苗。

（4）虾苗放养　6 月下旬至 7 月上旬，选择晴天上午 9 时前投放体长 0.7～1.0 厘米的虾苗。每亩放养虾苗 8 000 尾，搭配养殖规格 150 克/尾的白鲢鱼种 60～80 尾。用少量田水慢慢加入运苗氧气袋内调节水温，直至内外水温接近时，再将虾苗放入虾沟中。

（5）种养管理　水稻返青至分蘖前期保持田面水位 3 厘米，控草促蘖；分蘖中后期配合养虾要求，进行深水控蘖，将田面水位加到 10～15 厘米；孕穗期至收割前 10 天保持田面水位 20～30 厘米，促虾入田，减肥减药。收割前 10 天，田面自然落干，保持虾沟正常水位。较当地常规栽培减量 20%～30%施用分蘖肥，以复合肥为佳。基于叶色诊断法适时施用穗肥，主攻大穗。按每盏控制 20～30 亩范围安装太阳能灭虫灯，每亩放置 1 个二化螟或稻纵卷叶螟诱捕器。在机耕路边或田埂上种植香根草、芝麻等。

澳洲小龙虾养殖前期采用专用配合饲料投喂，中后期采用人工配合饲料投喂。每天投喂两次，7 时和 17 时各 1 次，傍晚投喂量为全天投饵量的 70%～80%。在岸边和浅水处定点均匀投喂。每隔 3～4 天换水 1 次，每次换虾沟水的 1/3。每隔 15 天泼洒 1 次光合细菌、有效微生物菌群（EM 菌）、枯草芽孢杆菌等微生物制剂，调节水环境。高温季节，适时开增氧机增氧，在饲料中添加一定的维生素 C 和维生素 E 等免疫增强剂。

水稻收获在 10 月底至 11 月初进行。采用地笼网诱捕澳洲小龙虾，后排水干塘，捕捉上市销售。

（编写者：黄鸿兵）

22. 什么是稻-南美白对虾生态种养模式？

南美白对虾（学名凡纳滨对虾）属广盐性热带虾类，能在0～35‰盐度中生长，沿海和内陆均可养殖，通常生长水温为 15～38℃，最适生长温度 22～35℃，对高温忍受极限为 43.5℃，水温低于 18℃ 时摄食活动受到影响。其食性为杂食性，生长快，具有相互残食习性，抗病能力强，离水存活时间长，肉质鲜香，口感好，营养价值高，深受市场欢迎。

21 世纪以来，我国南美白对虾养殖产量快速增长，养殖区域已从沿海地区扩张到内地，成为发展最快的甲壳类养殖品种。尤其是在新冠疫情条件下，进口南美白对虾受限，国产南美白对虾地位突出、作用重要。南美白对虾养殖模式主要包括稻虾轮作、瓜虾轮作、淡水养虾、鱼虾混养、大棚养殖、外塘养殖、温棚养殖、生物絮团养虾、无藻养虾、跑道式养殖、高位池地膜循环水养虾等，产量在 150～500 千克/亩，养殖经济效益显著。

稻-南美白对虾生态种养模式是近年在我国兴起的南美白对虾众

多养殖模式之一。利用南美白对虾耐高温、杂食性、生长快、抗病能力强等优点，对南美白对虾养殖和水稻种植茬口进行高效衔接，投放南美白对虾虾苗于稻田中，通过稻虾混作共生和互惠互利，实现水稻种植和南美白对虾养殖双丰收与稻虾绿色高质量发展。

（编写者：黄鸿兵）

23. 稻-南美白对虾生态种养模式的技术要点有哪些？

稻-南美白对虾生态种养模式的技术要点主要包括苗种放养、饲料投喂、水稻栽插、种养管理、适时收获等。

（1）苗种放养 4月中旬，稻田边沟开始加水至0.6米深。5月初，用漂白粉对边沟内水体进行消毒，用量约10千克/亩。用彩色塑料布隔出1个30米长的淡化暂养区，投放密度为体长1厘米左右的南美白对虾苗2万～3万尾/亩。虾苗投放前2小时，开动罗茨鼓风机经微孔增氧曝气管给暂养区水体充氧，提高水体溶解氧含量。虾苗放入暂养区2天后，进行二次淡化处理，每日向暂养区加水不排水，每次加水约0.5小时，以后逐步增加加水时间，淡化至第10～13天，将彩色塑料布完全拆除，让虾苗全部游出，进入边沟。

（2）饲料投喂 虾苗投喂初期选用粗蛋白42%的成品虾料，使用时将成品虾料破碎。随着虾苗个体的生长，逐步提高虾料粒径，从0.3毫米破碎开始，两周后改为0.5毫米破碎，3周后转为0.8毫米破碎，5周后可转为1.0厘米颗粒。每天投饵4次，分别为8时、12时、17时、21时，沿边沟投喂，根据天气、虾的吃食情况不断调整投喂量，每次以投喂1.5小时吃完为宜，17时、21时两次的投喂量占全天投喂量的75%。

（3）水稻栽插 水稻品种可选择抗病性强、抗倒伏性优、米质好的高秆水稻。6月中下旬，中大苗钵苗或毯苗机插，行距为30厘米（宽窄行33～23厘米，平均行距28厘米），株距宜17～20厘米，亩栽1.11万～1.40万穴（宽窄行）。

（4）种养管理 南美白对虾对水质要求较高，氨、氮和亚硝酸盐不能超标，故应定期检测水质，定期使用过硫酸氢钾、芽孢杆菌等改底、改水产品，定期使用降硝肥水膏。经常加注新水，但每次加水量不宜多，阴雨天前后泼洒泡腾维生素 C，以免南美白对虾产生应激反应。经常使用离子钙镁等产品补钙补镁，满足南美白对虾脱壳需要。6 月下旬开始，向边沟内加水，水位高出稻田，使稻田保持 30 厘米左右水层，让南美白对虾进入稻田活动。水稻施肥上，较当地常规栽培减量 20%～30% 施用分蘖肥、穗肥，主攻大穗，提高产量。

（5）适时收获　8 月底开始用地笼捕虾，采取捕大留小办法，9 月下旬前后全部捕完。10 月下旬收割水稻。

（编写者：黄鸿兵）

24. 什么是稻-蟹生态种养模式？

河蟹学名中华绒螯蟹，也叫螃蟹，肉质鲜嫩，营养丰富。河蟹善掘穴，一般选择陡岸，很少在缓坡或平地掘穴；食性杂，以食水草、腐殖质为主，喜食螺蚌、蠕虫、昆虫和鱼虾等，同时耐饥能力很强；白天隐蔽，夜晚出洞觅食；每蜕皮 1 次，体长、体重均呈飞跃式增加；生长速度主要受水温和饵料等的制约。成蟹喜欢水质清净、水草丛生、饵料丰富的水体环境，大多采用池塘、湖荡和稻田养殖。扬州大学等完成的"稻渔（蟹）共作安全优质高效生产技术研究"成果获 2004 年度江苏省科技进步二等奖。可见，稻田养蟹由来已久，技术已相对成熟。

稻-蟹生态种养模式即利用稻田湿地生态形成水稻与河蟹互利共生，同时产出稻谷和河蟹产品的绿色高效生产模式。河蟹以稻田中的杂草、绿萍、底栖生物、害虫等为食，可减少投饵量，降低生产成本；稻田水层和稻株茎叶交错形成遮蔽，为河蟹提供了隐蔽避害和蜕壳生长的栖息环境；河蟹在稻田活动，可减少部分水稻病虫草害发生，同时河蟹排泄物经腐化，可增加稻田耕作层土壤养分含量，培肥地力，由此减少农药、化肥施用量，提升稻米品质与质量安全水平，实现稻-蟹生态种养模式绿色高质量发展。但由于河蟹对水稻有"夹苗""抬苗"等行为损害，故宜选用茎秆粗壮、抗倒力强的优质丰产水稻品种，水稻栽插后不宜过早让河蟹入田活动，以免损害水稻群体，影响水稻产量。

（编写者：邢志鹏）

25. 稻-蟹生态种养模式的技术要点有哪些？

稻-蟹生态种养模式的技术要点主要包括稻田选择与工程改造、水稻种植、稻田河蟹放养、稻蟹种养管理等。

（1）稻田选择与工程改造　稻田规模以 30～50 亩为宜，沟渠路涵配套，排灌自成体系。水质优良，溶氧 5 毫克/升以上，酸碱度中性或偏碱性，远离污染源。一般稻田均可，以保水保肥性强的黏土稻田更为适宜。稻田需进行防逃设施建设，通常使用塑料板沿稻田四周外埂铺设，高出田面 50 厘米，埋入土下 15 厘米，用木桩或竹片支撑，内外夯实，防止积水穿洞和河蟹逃逸。沿外埂内侧 1 米处开挖边沟，沟宽 2.0～2.5 米，沟深 0.8 米，坡比 1.0：1.3，边沟面积不超过稻田总面积的 10%。进排水口呈对角线，包裹 60 目尼龙或铁丝筛网，防止河蟹外逃，并避免敌害生物、小杂鱼、鱼卵入田。

（2）水稻种植　选用品质优良、丰产性好、熟期适中、抗病、抗倒、大穗型的水稻品种。抢时早播早栽，推荐长秧龄大秧苗机插方式，利于水稻早活棵早分蘖，随株高增加建立深水层，也利于提早创造河蟹进入稻田活动的前提条件。行距一般 30 厘米或采用宽窄行，常规稻基本苗 6 万～8 万/亩，杂交稻基本苗 4 万～5 万/亩。

（3）稻田河蟹放养　蟹苗放养量一般控制在 0.5～1.0 千克/亩。宜在白天放养。放养时，将蟹苗箱浸入水中，让蟹苗全部自由进入边沟。投饵时蟹苗有抢食现象，说明蟹苗质量为优。

（4）稻蟹种养管理　稻蟹共生田块水稻基肥除通过秸秆还田、施腐熟有机肥、冬种绿肥等补充外，也常施用有机肥。水稻施肥上，较当地常规栽培减量 30% 施用分蘖肥、穗肥，主攻大穗，提高产量。水分管理上，稻田实施不搁田或适度轻搁，边沟保水，确保螃蟹生长所需。水稻病虫草防治遵循以物理与生物防治为主，辅之以施用对河蟹无害的生物农药。通过种植诱虫植物（香根草、芝麻、向日葵、茭白等）、放养害虫天敌（瓢虫、蜘蛛、赤眼蜂）、安装频振式灭虫灯、铺设黄板、设置糖醋液或性诱剂等方法，防治稻飞虱、螟虫与稻纵卷叶螟等。水稻收割前，通过多次灌排水，使河蟹回到边沟中，适时进行水稻收割。

同时，做好河蟹养殖的水质管理和投饵管理。坚持半月1次水质检测，根据检测结果及时调控水质，预防河蟹疾病发生。换水时间一般在上午10时，每次换水量为田间规定水位的1/3～1/2。每次换水时间应控制在3小时以内，水温温差应控制在3～5℃以内。河蟹在初夏时节、河蟹性腺成熟之前是摄食高峰期，动植物饵料搭配使用。整体应遵循定质、定量、定时、定点、多样投喂原则。加强巡查，检查观察河蟹长势与健康状况，准确判断，对症用药。做好稻蟹种养殖生产日志记录和全过程数据信息收集保存工作[2-4]，利于积累稻-蟹生态种养经验，持续提高生态种养水平。

（编写者：邢志鹏）

26. 什么是稻-鳖生态种养模式？

鳖别称中华鳖、甲鱼，椭圆形，成体背盘长192.0～345.0毫米、宽138.8～256.0毫米。其是以动物性饵料为主的杂食性变温动物，水陆两栖，用肺呼吸，自然生长缓慢，喜生活于水流平缓、鱼虾繁多、阳光充足的淡水水域。雌鳖体积较雄鳖大。27～28℃气温条件下，鳖生长速度最快；气温18℃时，则进食减少；气温低于15℃时，鳖完全停止进食，入泥冬眠。鳖对周围声响反应灵敏，喜静怕惊，有判断逃跑路径的能力。因鳖生性好斗，大小鳖不宜混养。农业农村部印发通知，要求对于列入《国家重点保护经济水生动植物资源名录》的物种和农业农村部公告的水产新品种，要按照渔业法等法律法规严格管理。中华鳖等列入上述水生动物相关名录的两栖爬行类动物，按照水生动物管理，不列入禁食范围。

通过水稻与鳖的种养结合，鳖能摄食水稻虫害，水稻又能将鳖的残饵及排泄物作为肥料吸收，形成养分循环利用效应，协同产出高品质的绿色生态稻米与商品鳖，经济、社会、生态效益显著。稻-鳖生态种养可大幅减少甚至完全不用除草剂、农药和化肥，降低了水稻病虫害发生与农业面源污染，节约稻田资源投入，产出更优，综合效益更高，符合农业绿色高质量发展需求。目前，稻-鳖生态种养模式在安徽、湖北、湖南、四川、浙江等省发展面积较大。

（编写者：邢志鹏）

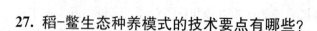

27. 稻-鳖生态种养模式的技术要点有哪些？

根据 SC/T 1135.5—2020《稻渔综合种养技术规范 第 5 部分：稻鳖》等要求，稻-鳖生态种养模式的技术要点主要包括稻田工程、水稻栽插、鳖苗放养、稻-鳖种养管理等。

（1）稻田工程 开挖沿外埂内侧 50～60 厘米处、不超过稻田总面积 10% 的边沟，宽 3～5 米、深 1.0～1.5 米为宜。留出农机通道。进排水系统独立、对角设置，用密网包裹。选用铝塑板、彩钢瓦等材质，设置稻田外埂围栏，高 50～60 厘米，埋入地中 15～20 厘米，四角处围成弧形。

（2）水稻栽插 选择适宜稻-鳖共作、抗病虫、抗倒伏能力强的优质晚熟高产品种。机插或人工移栽方式进行，宜采用大垄双行栽种模式，栽插密度约 1.3 万穴/亩，每穴 2～3 苗。

（3）鳖苗放养 先鳖后稻模式在插秧前半个月至 1 个月放养中华鳖，先将鳖限制在边沟内养殖，待水稻分蘖后 1 个月放鳖进入稻田。先稻后鳖模式在水稻生长 2 个月左右放养中华鳖（图 3）。中华鳖放养密度建议，个体重量 150～250 克为 250～350 只/亩，个体重量 250～350 克为 180～250 只/亩，个体重量 350～500 克为 120～180 只/亩，个体重量 500～750 克为 100～120 只/亩。鳖苗放养前用 1.5% 浓度食盐水浸浴 10 分钟，将经消毒处理的鳖苗连盆移至边沟水体中，将盆倾斜，让鳖自行爬出，避免鳖体受伤。

图 3 先稻后鳖模式之中华鳖苗

（4）稻鳖种养管理　鳖的饲喂需注意饲料投放充足而不过量，一般每天两次，上午 9—11 时投放鳖体重 0.5% 饲料量，下午 17—18 时投放鳖体重 0.5%～1.0% 饲料量，天气不好就适当减量。根据水质变化情况适时调控，常年保持水位稳定，定期消毒，为鳖创造清洁安静的优良环境。坚持每天早晚巡塘，做好养殖全程记录。及时清除水蛇、水老鼠等敌害生物，驱赶鸟类。低温后，鳖入沟底，起捕上市或边沟续养，少量鳖在稻田中人工寻捕，之后水稻机收。鳖冬眠期间不宜注水和排水；冰封时应及时在冰面上打洞。

（编写者：邢志鹏）

28. 什么是稻-鳅生态种养模式？

泥鳅体形细长，味道鲜美，营养丰富，享有"水中人参"美誉，喜栖息于静水底层，对环境适应力强。生活水温 10～30℃，最适水温为 25～27℃，水温升高至 30℃ 时则潜入泥中度夏。用鳃和皮肤呼吸，具有特殊的肠呼吸功能，耐低溶氧能力强，离水后存活时间较长。多在晚上捕食浮游生物、水生昆虫、甲壳动物、水生高等植物碎屑、藻类、水底腐殖质或泥渣等。每年 4 月开始繁殖，5—6 月为产卵盛期，产卵在水深不足 30 厘米的浅水草丛中。最小性成熟个体体长 8 厘米，怀卵量约 2 000 粒，10 厘米的怀卵量为 7 000～10 000 粒，体长 12 厘米的怀卵量 12 000～14 000 粒，怀卵量最多的超过 65 000 粒，极具育苗经济价值。仔鱼常分散生活。

稻-鳅生态种养即利用稻田湿地生态，使水稻与泥鳅互利共生，兼产优质稻米和泥鳅产品的绿色高效模式。泥鳅对水质要求不高，池塘、稻田、水沟和田头坑塘均能养殖。稻田养殖泥鳅生产成本低，市场需求大，产出相对高。四川、辽宁、湖北、吉林、云南等省稻鳅生态种养面积较大。

（编写者：邢志鹏）

29. 稻-鳅生态种养模式的技术要点有哪些？

根据 SC/T 1135.6—2020《稻渔综合种养技术规范　第 6 部分：稻鳅》等要求，稻-鳅生态种养模式的技术要点主要包括田间工程、水稻种植、稻田泥鳅养殖等。

(1) **田间工程** 在距离外埂内侧1米处开挖I、L等形状的边沟，沟宽1～2米，深0.5～1.0米，坡比为1：1。根据田块大小，在稻田中央挖"十"字或"井"字形田间沟，宽30～40厘米，深30～40厘米，与边沟相通。在进水口和边沟交汇处开挖暂养池，长5～6米，宽4米，深1.0～1.5米。在暂养池底铺一层厚10～20丝的塑料膜，后在塑料膜上平压一层10～15厘米厚的淤泥。在暂养池上方设置达到暂养沟面积80%的遮阳网。边沟、田间沟和暂养沟合计总面积需不超过稻田总面积10%。外埂比田面高60～80厘米，底宽120厘米，顶宽80厘米，夯实加固。进水口建在外埂上，离田面50厘米高；排水口建在边沟最低处；稻田进排水口呈对角位置，进排水口安装双层防逃网，外层用0.3毫米孔径聚乙烯网，内层用0.3毫米孔径铁丝网做成拦鱼栅。外埂四周内侧埋设防逃设施，宜采用0.4～0.6毫米孔径的聚乙烯网片，高出外埂和进水口20～30厘米，用木桩或小竹竿固定，并埋入土下50～60厘米，四角成圆弧形。留宽4米左右的机械作业通道。

(2) **水稻种植** 选择抗病虫害能力强、抗倒伏、耐肥性好、可深灌、株型紧凑的籼稻或粳稻品种。田面应整理平整，适应机插或人工插秧要求。根据当地农时确定水稻插秧时间，亩栽1.3万穴左右，每穴2～3苗，边沟和暂养池边适当增加插秧密度。晒田要轻晒或短期晒，以见水稻浮根泛白为适度。晒好田后，及时复水。以有机肥为主，第一年施发酵有机肥500～600千克/亩。另施2～3次追肥，1次施半块田，间隔1日后施另外一半，具体用量根据水稻类型品种、目标产量和土壤地力确定。不能使用对泥鳅有害的氨水、碳酸氢铵等化肥。第二年逐渐减少化肥使用量。水稻生长前期稻田田面水深应保持在5～10厘米，随水稻长高，可加深至15厘米，利于泥鳅入田活动。安装频振式灭虫灯对趋光性害虫进行诱杀。同时采取其他物理、生物防治策略，必要时可使用安全高效的生物农药。

(3) **稻田泥鳅养殖** 水稻秧苗移栽10～20天后，放养泥鳅苗种（图4），要求体质健壮，活动力强，体表光滑，无病无伤。放养前，苗种用3%～5%食盐水浸泡消毒10分钟。每亩放养规格3～4克/尾的鳅苗 1 万尾左右，规格尽量一致，避免残食。

图 4 泥鳅苗种

泥鳅属于杂食性小型经济鱼类，饵料较为广泛，麦麸、豆渣、蚯蚓、豆饼以及人工配合饵料均可摄食。饵料尽量选用物美价廉、营养全面、适口性好的全价配合饲料。每天定点定时投喂两次，分别在上午 9 时和下午 17 时，日投饲量为泥鳅体重的 2%～3%，以泥鳅在 2 小时内吃完为宜。加强水质管理，定期加注新水，调节水质。发现泥鳅生病，及时诊断，对症治疗。早晚巡田，检查田埂有无漏洞，检查进排水口及防逃设施有无损坏。

水稻收割前应排水，排水时先将稻田的水位快速地下降到田面上 5～10 厘米，后缓慢排水，边沟内水位保持在 50～70 厘米，田面晒干开裂，开始收割稻谷。此时泥鳅聚集到边沟和暂养沟中，用抄网捕捞。对抄网未能捕获的 40%～50% 泥鳅采用诱饵笼捕法，即在地笼中放入泥鳅喜食的饵料，如炒香的麦麸、米糠、动物内脏、红蚯蚓等，待大量泥鳅进入篓中时起笼即可[5]。

（编写者：邢志鹏）

30. 什么是稻-鳝生态种养模式？

鳝鱼亦称黄鳝、罗鳝、长鱼等，栖息于池塘、小河、稻田等处，常潜伏在泥洞或石缝中，夜出觅食，夏出冬藏。鳃不发达，借助口腔及喉腔的内壁表皮作为呼吸的辅助器官，能直接呼吸空气，在水中含氧量十分贫乏时也能生存。出水后，只要保持皮肤潮湿，数日内不会死亡。以各种小动物为食，属杂食性鱼类，夏季摄食最为旺盛，寒冷季节可长期不食。生殖季节为6—8月，具有雌雄性逆转特性，即从胚胎期到初次性成熟时均为雌性，产卵后卵巢逐渐变为精巢，体长36~48厘米时雌雄个体几乎相等，成长至53厘米以上时则多为精巢。当年幼鱼只能长到20厘米，二冬龄雌鱼方达成熟期，体长至少为34厘米，最大个体可达70厘米，重1.5千克/条。产卵于穴居洞口附近，水面上发育，雌雄鱼均有护巢习性。

稻-鳝生态种养即利用稻田湿地生态，使水稻与黄鳝互利共生，兼产优质稻米和黄鳝产品的绿色高效模式。黄鳝肉质鲜美，营养丰富，是我国淡水养殖名贵品种，也是一些地方的特色菜肴食材。稻田中有丰富的天然饲料，水稻遮阴作用大，符合黄鳝生长需求；黄鳝在田中钻洞松土，促进土壤通气，同时鳝粪肥田，捕食害虫，减少肥药施用，改善稻田生态环境，是一项节本增效、助农增收的绿色高质量农业发展模式[6]。

（编写者：邢志鹏）

31. 稻-鳝生态种养模式的技术要点有哪些？

稻-鳝生态种养模式的技术要点主要包括稻田选择与田间工程、水稻种植、稻田黄鳝养殖等。

（1）稻田选择与田间工程　选择保水性能好、地势低洼、进排水方便的稻田。在距离外埂内侧1米处开挖I、L等形状的边沟，沟宽2~3米，深1米，坡比为1:1。根据田块大小，在稻田中央挖"十"字或"井"字形田间沟，宽50厘米，深30~40厘米，与边沟相通。边沟、田间沟合计总面积需不超过稻田总面积10%。留宽4米左右的机械作业通道。进排水系统配套，在进排水口处安装坚固的拦鱼设施。外埂四周内侧埋设防逃设施。

（2）水稻种植　选择抗病虫害能力强、抗倒伏、耐肥性好、株型紧凑的籼稻或粳稻品种。平整田面，根据当地农时确定水稻插秧时间，亩栽1.3万穴左右，每穴2~3苗。晒田要轻晒或短期晒，以见水稻浮根泛白为适度，之后及时复水。较当地常规栽培减量20%~

30％施用分蘖肥，基于叶色诊断法适时施用穗肥，主攻大穗。水稻生长前期稻田田面水深应保持在 5 厘米，随水稻长高，可加深至 10～15 厘米，利于黄鳝入田活动。采取物理、生物防治水稻病虫害策略，必要时可使用安全高效的生物农药。

（3）稻田黄鳝养殖　水稻移栽返青活棵后放养鳝种。鳝种要求规格大而整齐，体质健壮，一般以深黄大斑鳝为最好，青色鳝次之。放养密度为 25 克/尾的鳝种 1 500～2 000 尾/亩。鳝种入田前，用3％～5％食盐水洗浴消毒 10～15 分钟。饲料以蚯蚓为最佳，也可投一部分蚌肉、螺蛳肉、麦麸、瓜果、菜屑等。日投饵量为鳝体重的 6％～7％，多点定时投饵，便于黄鳝群体均匀摄食。经常更换新水，检查黄鳝吃食情况，观察黄鳝生长发育状况。经常检查田埂及进排水口处防逃设施，以免黄鳝逃逸。黄鳝个体重达 100 克以上时即可捕捞上市。秋季可从稻田一角开始翻动泥土，挖取黄鳝，注意不要让黄鳝受伤，以免降低商品价值[7]。

（编写者：邢志鹏）

32. 什么是稻-鲶生态种养模式？

鲶鱼同鲇鱼，嘴上 4 根胡须，上长下短，肉食性，贪食易长。对水质要求不高，适宜生活在水温 20～25℃的水域。环境适应能力超强，最大个体可达 40 千克以上，寿命可达 70 余年。多在江河、湖泊、坑塘等沿岸地带活动，怕光，白天多伏于阴暗的底层或成片的水浮莲、水花生、水葫芦下方，夜晚和阴天觅食活动频繁。春天开始觅食，秋后居于深水或污泥中越冬，摄食减弱。捕食对象多为小型鱼类，如鲫鱼、麦穗鱼、鲤鱼、泥鳅等，也吃虾类和水生昆虫，以吞食为主，牙齿作用主要是防止食物逃脱。鲶鱼卵有毒。幼鱼以浮游动物、软体动物为食，包括水生昆虫的幼虫和虾类等。

稻-鲶生态种养即利用稻田湿地生态，使水稻与鲶鱼互利共生，兼产优质稻米和鲶鱼产品的绿色高效模式。鲶鱼富含蛋白质、氨基酸等营养成分，且加工后肉味鲜美、肉质细嫩，深受市场欢迎。目前人工养殖品种有南方大口鲶、土鲶、怀头鲶、革胡子鲶、巴沙鱼等。鲶鱼可以吃掉水稻害虫以及其他稻田生物，扰动水体，促进溶氧和肥料分解，鲶鱼粪便可作为水稻肥料，利于水稻生产减肥、减药、节本、提质、增效和改善稻田生态环境。

（编写者：邢志鹏）

33. 稻-鲶生态种养模式的技术要点有哪些？

稻-鲶生态种养模式的技术要点主要包括稻田选择与田间工程、水稻种植、稻田鲶鱼养殖等。

（1）稻田选择与田间工程　选择保水性能好、地势低洼、进排水方便的稻田。在距离外埂内侧1米处开挖I、L等形状的边沟，沟宽2～3米，深1米，坡比为1∶1。根据田块大小，在稻田中央挖"十"字形田间沟，宽50厘米，深40厘米，与边沟相通。边沟、田间沟合计总面积需不超过稻田总面积10%。留宽4米左右的机械作业通道。进排水系统配套，在进排水口处安装坚固的拦鱼设施，防止鲶鱼苗逆水逃逸。外埂四周内侧埋设防逃设施。

（2）水稻种植　选择抗病虫害能力强、抗倒伏、耐肥性好、植株高大、茎秆粗壮、株型紧凑的籼稻或粳稻品种。平整田面，根据当地农时确定水稻插秧时间，亩栽1.2万穴左右，每穴2～3苗。晒田要轻晒或短期晒，以见水稻浮根泛白为适度，之后及时复水。较当地常规栽培减量20%～30%施用分蘖肥，基于叶色诊断法适时施用穗肥，主攻大穗。水稻生长前期稻田田面水深应保持在5厘米，随水稻长高与放养鲶鱼苗后，可逐步加深至30厘米，利于鲶鱼田间隐蔽或取食活动。采取物理、生物防治水稻病虫害策略，必要时可使用安全高效的生物农药。

（3）稻田鲶鱼养殖　因地制宜地放养本地或充氧空运而来的优质鲶鱼苗，确保规格整齐，体质健壮，富有活力，无病无伤。鲶鱼苗种放养时间宜早不宜迟，以规格1.5～3.0厘米的幼苗为宜，也可选用池塘或边沟暂养的鲶鱼大苗（图5），放养数量为400条/亩（小苗）或300条/亩（大苗）。放养前用3%～4%的食盐水浸润苗种消毒。

落水搁田时，稻田排水速度不可过快，以使鲶鱼有时间游至边沟或田间沟中。坚持定期换注新鲜水，通常每15天换1次水，夏季高温季节每5～7天换1次水，每次换水10厘米深左右。充分利用稻田

图5　稻田放养鲶鱼大苗

中的水、热、光、气资源，培养大量优质天然饵料，同时增投人工饵料，动物性饵料以螺蚌肉、小鱼、小虾、畜禽动物内脏等为主，植物性饵料以小麦、玉米、豆饼等为主。7—9月投喂的饵料量要足，后期投喂的饵料要好。及时驯化鲶鱼进入稻田捕食水稻害虫与其他稻田生物。定期用生石灰、漂白粉等药物进行边沟和田间沟消毒，防止鲶鱼疾病发生。10月上旬前后，当水温下降到15℃左右时，即可将稻田中的鲶鱼捕获，放入清水池中暂养2～4天，并停止投饲，让其体内异味物质排出，即可批量上市[8-9]，也可放入周边池塘或边沟，继续养殖。

（编写者：邢志鹏）

34. 什么是稻-鲤生态种养模式？

相传春秋末年范蠡所著的《养鱼经》是我国最早的关于养鲤方法的著作。鲤鱼，别名鲤拐子、鲤子等。单独或成小群栖息于水草丛生的水体底层，以食底栖动物为主。适应性强，耐寒、耐碱、耐缺氧。在流水或静水水草丛中均能产卵，卵黏附于水草上发育。杂食性，荤素兼食，掘寻食物时常将水搅浑，增大混浊度。无胃鱼种，肠道细短，少吃勤食。冬眠不食，沉伏于河底。春天产卵，3～4天后孵化。约第3年达性成熟，饲养条件下可活40年以上。鲤鱼最适宜生长温度为28℃，30℃以上时活动减少，摄食量变少。

鲤鱼在我国分布广泛，养殖品种繁多，常见的有团鲤、草鲤、荷色鲤、火鲤、芙蓉鲤、荷包鲤、元江鲤（红尾鲤）、大头鲤、黄河鲤、呆鲤、松花湖鲤、镜鲤、鳞鲤等。稻-鲤生态种养即利用稻田湿地生态，使水稻与鲤鱼互利共生，兼产优质稻米和鲤鱼产品的绿色高效模式。尽管鲤鱼有掘食习性易致边沟两侧、田埂塌陷，浑水影响水稻生长，但其在稻田活动，以稻田杂草、水生动物和浮游生物为食，可起到净化稻田水体、增加水体溶氧、减少水稻病虫草害发生和鲤粪肥田等综合作用，整体有利于稻田综合种养绿色高效发展。

（编写者：邢志鹏）

35. 稻-鲤生态种养模式的技术要点有哪些？

稻-鲤生态种养模式的技术要点主要包括田间工程、水稻种植、稻田鲤鱼养殖等。

（1）田间工程 在距离外埂内侧 1 米处开挖 I、L、U 等形状的边沟，沟宽 2~3 米，深 1 米，坡比为 1.0∶1.5。边沟面积需不超过稻田总面积 10%。留宽 4 米左右的机械作业通道。进排水系统配套，在进排水口处安装坚固的拦鱼设施。外埂四周内侧埋设防逃设施。

（2）水稻种植 选择抗病虫害能力强、抗倒伏、耐肥性好、茎秆粗壮、可深灌、株型紧凑的籼稻或粳稻品种。平整田面，根据当地农时确定水稻插秧时间，亩栽 1.2 万穴左右，每穴 2~3 苗，宜宽窄行钵苗机插。晒田要轻晒或短期晒，以见水稻浮根泛白为适度，之后及时复水。较当地常规栽培减量 20%~30% 施用分蘖肥，基于叶色诊断法适时施用穗肥，主攻大穗。水稻生长前期稻田田面水深应保持在 5 厘米，随水稻长高与放养鲤鱼苗后，水深逐步加深至 30 厘米，利于鲤鱼田间取食活动。采取物理、生物防治水稻病虫害策略，必要时可使用安全高效的生物农药。

（3）稻田鲤鱼养殖 鲤鱼鱼苗规格整齐、体表无损、健康有活力。插秧 15 天后，鲤鱼苗种放养前用浓度 3% 的食盐水浸润消毒 10~20 分钟。每亩宜放养 350 尾，放养规格 15 克/尾以上。使用鱼鸟和谐生态方法，防止水鸟、白鹭等天敌捕食鲤鱼苗种。以投喂米糠、麦麸、花生麸、南瓜为主，也可搭配投喂少量配合饲料。每天上午9时和下午17时前后各投喂1次，遵循定时、定点、定量原则。一般以投喂后1小时左右吃完为宜。早晚巡田，关注鱼类活动和摄食情况，经常检查田埂和拦鱼设施，发现破损及时修补，防止鲤鱼逃逸。夏季高温时期经常换水，使稻田保持微流水，降低田水温度。坚持以防为主原则，做好鲤鱼病害防治工作。水稻收获前，采取捕大留小、分批上市方法，进行鲤鱼销售[10]。规格较小的鲤鱼暂养于边沟，用于过冬再卖或翌年续养。

（编写者：邢志鹏）

36. 什么是稻-稻花鱼生态种养模式？

稻花鱼是鱼将科，体侧扁，背部平直，头略平扁，被鳞，眼大，口上位，横裂，无侧线，背、腹鳍均小。生活于稻田、池塘及湖泊上层。性活泼，喜集群。4—7月为生殖季节，分批产卵。卵膜具丝状物。个体最大不超过40厘米。稻花鱼肉质细嫩，味道鲜美。也有认为，稻花鱼又名田鱼，是鲤鱼的1个变种，有4种颜色。还有认为，稻花鱼亦称禾花鱼，是指生长在稻田中的鱼类泛称，通常为鲫鱼、鲤鱼，也有草鱼。因稻花鱼在浙江、贵州、云南、四川、湖南等地发展历史久、文化传承深、产业影响大，故将稻-稻花鱼生态种养列为稻田高质高效生态种养模式之一。

稻-稻花鱼生态种养即利用稻田湿地生态，使水稻与单一或多元稻花鱼互利共生，兼产优质稻米和稻花鱼产品的绿色高效模式。稻花鱼在稻田长时间活动，杂食稻田杂草、稻飞虱、稻花等长大，可起到减少水稻病虫草害发生和稻花鱼排泄物肥田等效用，利于改善稻田生态环境，提高稻米和稻花鱼产品质量安全水平。

（编写者：窦志）

37. 稻-稻花鱼生态种养模式的技术要点有哪些？

稻-稻花鱼生态种养模式的技术要点主要包括稻田选择与田间工程、水稻种植、稻花鱼养殖等。

（1）稻田选择与田间工程 稻田应具有较强的保水保肥能力，且排灌方便、水质良好。每块稻田对角设置独立的进、排水口，高灌低排。进排水口分别套上滤网，进水口主要防野杂鱼等敌害侵入，排水口主要防鱼顺水逃逸。加高外埂，使稻田水位最高可达 40 厘米。在稻田地势较低处开挖 1 处或多处水坑，便于稻花鱼避害生存，不受稻田水位低、太阳暴晒等影响。

（2）水稻种植　选择能适应当地温光水气等环境条件、优质丰产的水稻品种。株高宜在 110 厘米以上，抗倒伏，病虫害抗性较强，生育期适中。水稻移栽后采取浅水灌溉，促进分蘖发生，待水稻株高达 40 厘米以上时逐渐提高水位，并将鱼苗投入稻田，形成稻鱼共生。常年养殖稻花鱼的稻田饲料投入与稻花鱼排泄物残留较多，土壤肥力逐年增加，水稻施肥量可减少 30% 以上。稻-稻花鱼模式下水稻长期处于半深水或深水灌溉，杂草数量下降，稻飞虱、纹枯病等发生减少。充分使用物理防控、生物防控等方式，控制水稻病虫草害发生，必要时使用新型生物农药防控主要病虫害。

（3）稻花鱼养殖　水稻移栽 10～15 天后，向稻田中投放健康强壮、抗逆性强的稻花鱼苗，规格一般为 20～40 克，放养密度为 12～18 千克/亩。投放前先用浓度约 3% 的食盐水消毒 5～10 分钟，清晨或傍晚投放。根据稻花鱼生长情况，投喂商品配合饲料或米糠、麦麸、豆渣等农家饲料。配合饲料投喂通常早晚各 1 次，每天按鱼鲜重的 3%～4% 比例投喂。从鱼苗到商品鱼，养殖周期通常为 3.5 个月。水稻收割前，可组织下田抓鱼，也可在水稻收割后排水收鱼或捕获续养。

（编写者：窦志）

38. 什么是稻-蛭生态种养模式？

据《中药大辞典》，水蛭别称蛭蟥、马蜞、马蛭、马蟥、红蛭等，为水蛭科动物日本医蛭、宽体金线蛭、茶色蛭等的全体。日本医蛭又名医用蛭，生活于水田及沼泽中，吸人、畜血液，行动敏捷，能作波浪式游泳和尺蠖式移行；春暖时即活跃，6—10 月为产卵期，冬季蛰伏；再生力很强，能由断部再生成新体。宽体金线蛭生活于水田、河流、湖沼中，不吸血，吸食水中浮游生物、小型昆虫、软体动物的幼虫及泥面腐殖质等。茶色蛭又名牛鳖，喜弱光，常栖息于溪流近岸处，有时吸附于水草基部或阴影下的水中或泥面上，主要以水中浮游动物和腐殖质为食，一般不吸食动物血液。水蛭对水质和环境要求不高，水温 15～30℃时生长良好，10℃以下停止摄食，35℃以上影响生长，繁殖快，再生力强，雌雄同体，异体受精。水蛭主要含蛋白质。新鲜水蛭唾液中含有一种抗凝血物质名水蛭素。夏秋捕捉后洗净，用石灰或酒闷死，后晒干或焙干。药材中日本医蛭的干燥品称为"水蛭"，宽体金线蛭的干燥品称为"宽水蛭"，茶色蛭的干燥品称为"长条水蛭"。

稻-蛭生态种养即利用稻田湿地生态，辅之以养殖设施，使水稻与特定品种的水蛭互利共生，兼产优质稻米和水蛭药材的农医融合型绿色高效模式。水稻为稻田水蛭遮光和净化水质，创造有利水蛭生长的环境条件。水蛭以水稻害虫、残败的稻叶、底栖生物和浮游生物等为食，排泄物作为水稻的肥料，稻田活动也可改善土壤通气条件，加速肥料分解。有研究认为，稻-蛭共生后，稻田中及附近的摇蚊幼虫密度明显降低，最多可下降 50%，成蚊密度也会下降 15%左右。江苏、安徽等省越来越多的农户瞄准鲜水蛭价格高的契机，选择在稻田养殖水蛭，丰富与发展了稻-蛭生态种养模式。

（编写者：陈友明、窦志）

39. 稻-蛭生态种养模式的技术要点有哪些？

稻-蛭生态种养模式的技术要点主要包括稻田选择与设施条件、水稻种植、水蛭养殖等。

（1）稻田选择与设施条件　稻田水源充足，排灌方便，水质良好，保水性好。稻田东西向筑数条埂，作为稻田管理通道，高出田面30 厘米；整个田面铺上尼龙材质密网，上方规整地摆放约 5 000 个/亩、底部带孔的塑料盆，盆中种植水稻；稻田和塑料盆中兼养水蛭、螺蛳，其中螺蛳为水蛭的饵料；稻田四周用塑料薄膜围起高0.3～0.4 米的围墙，进排水口设尼龙材质密网，防水蛭逃逸。也可在稻田中设置网箱，用于水蛭养殖，四周空余地种植水稻，较为简便。

（2）水稻种植　选择茎秆坚挺、分蘖性强、抗病虫害的优质高产水稻品种。稻田一次性基施有机肥，补充水蛭饵料，又可起到壮苗促蘖作用。塑料盆中人工手栽两穴水稻，每穴 2～3 苗。稻田建立 10～15 厘米水层，利于水蛭稻田活动和盆栽水稻生长所需。网箱养殖水蛭，则按常规机插或手栽水稻，减量施用有机肥，建立水层。

（3）水蛭养殖　每亩放养幼蛭 10 万条，以满月苗为佳。水蛭主要食用稻田螺蛳、浮游生物、小型昆虫、软体动物幼虫及泥面腐殖质。视水蛭、螺蛳生长情况，不定期补投贝类、草虾、萍类、水草植物等新鲜饵料。每 5～7 天加注 1 次新水，保持清洁新鲜。每天巡塘，严防水蛭天敌入田。做好生产记录，积累稻蛭共生种养经验。9—10 月收获成蛭，后择时收获水稻。

（编写者：高辉、窦志）

40. 什么是稻-锦鲤生态种养模式？

锦鲤属鲤科，生性温和，喜群游，易饲养。对水温适应性强，可生活于水温 2～30℃ 的环境，生长水温为 21～27℃。食性杂，一般软体动物、高等水生植物碎片、底栖动物以至细小藻类或人工合成颗粒饵料均食。需充足的氧气，适于生活在微碱性、硬度低的水质环境中。性成熟为二至三龄，每年 4—5 月产卵。体长可达 1 米，重 10 千克以上。寿命可达 70 年。

稻-锦鲤生态种养即利用稻田湿地生态，使水稻与锦鲤互利共生，兼产优质稻米和高档观赏鱼锦鲤产品的绿色高效模式。稻田养殖锦鲤不仅增添了观赏鱼群游景致，而且锦鲤排泄物可肥田，同时可灭杀稻田害虫，利于水稻健康生长，节省肥药等生产成本，改善稻田生态环境，实现多产融合、提质增效目标。

（编写者：邢志鹏）

41. 稻-锦鲤生态种养模式的技术要点有哪些？

稻-锦鲤生态种养模式的技术要点主要包括稻田选择与田间工程、水稻种植、锦鲤养殖等。

（1）稻田选择与田间工程　稻田应具有较强的保水保肥能力，且排灌方便、水质优良。在距离外埂内侧 1 米处开挖 I、L、U 等形状的边沟，沟宽2～3米，深1米，坡比1.0：1.5。边沟面积需不超过稻田总面积10%。留宽4米左右的机械作业通道。进排水系统配套，在进排水口处安装坚固的拦鱼设施。加高内埂，使稻田水位最高可达30厘米。边沟内种植水花生等水草，簇状分布，竹竿固定。边沟上方设置塑料遮光网，防止阳光直射。

（2）水稻种植　选择能适应当地温光水气等环境条件、株高110厘米左右、抗倒伏、病虫害抗性较强、生育期适中的优质丰产水稻品种。水稻移栽后采取浅水灌溉，促进分蘖发生，待水稻株高达40厘米以上时逐渐提高水位。水稻总施肥量较常规栽培减少30%。充分使用物理防控、生物防控等方式，控制水稻病虫草害发生。

（3）锦鲤养殖　提前做好稻田清沟消毒工作，清除过多淤泥，铲除田边杂草，生石灰化水泼洒。施足基肥，培养饵料生物。6月下旬至7月上旬清晨，投放经3%～4%食盐水消毒、150～200克规格的锦鲤苗种200尾/亩（图6）至边沟内。由于锦鲤对氧气含量敏感，故从暂养池投放至边沟时，距离要近，速度要快，最大限度减少锦鲤苗种死亡。

图6　锦鲤苗种

夏季气温高，注意勤补注新水，7～10天加1次，每次加水10～15厘米深，保持稻田水位30厘米深，使锦鲤可进入稻田活动。锦鲤为杂食性鱼类，动物性或植物性饵料均可喂食，搭配投喂高营养的专用锦鲤颗粒饲料。选择一固定地点人工驯化投食，每次1小时左右，日驯 3~4 次，直至集群上浮抢食，后在该处搭设 1~2 个饲料台，面积 2~3 米²，沉入水下 0.5~0.8 米处，定位、定时、定量投饵。高密度养殖锦鲤时易发生鱼病，需定时泼洒药物，药饵同投。坚持早中晚各巡塘 1 次，做好生产记录，发现鱼病及时对症治疗。根据订单需求起捕，分品种、规格、级别转入池塘或网箱暂养 3~5 天，后装入氧气袋运输[11]。11 月至翌年 3 月期间为锦鲤越冬期。留存续养时，应将锦鲤及时转运到室内鱼池越冬，室内水温保持在 2~10℃，适当投饵，保膘防病。

（编写者：邢志鹏）

42. 什么是稻-鲫生态种养模式？

鲫为鲤科鲫属。品种繁多，包括鲫、黑鲫、银鲫、江西彭泽鲫、云南滇池高背鲫、湖南红鲫、贵州普安鲫、广东缩骨鲫、河南淇河鲫以及异育银鲫、湘云鲫等。食性广，以植物性食料为主。适应性很强，深水、浅水、流水、静水等均能生存。主要在水体底层活动。繁殖力很强，一般一冬龄怀卵量 1.0 万~2.8 万粒、二冬龄 2.0 万~5.9 万粒、三冬龄 2.6 万~6.8 万粒，五冬龄可达 11 万粒以上。抗病力强，生长快，对水温要求不高，易于养殖。夏季觅食时间为早、晚和夜间，秋季全天采食。喜群集而行，择食而居，水草茂盛的水体分布较多。肉质细嫩，营养价值高。2—4 月和 8—12 月的鲫最为肥美。

稻-鲫生态种养即利用稻田湿地生态，使水稻与鲫鱼互利共生，兼产优质稻米和鲫鱼产品的绿色高效模式。鲫鱼进入稻田，促进水体溶氧与稻根生长，消除田间杂草，取食稻田浮游生物和水稻害虫，减少水稻病害发生，且鱼粪肥田，可起到节肥、节药、节工等效用，优化稻田生态环境，提高稻田综合效益，有助于促进稻-鲫生态种养绿色高质量发展。

（编写者：徐强）

43. 稻-鲫生态种养模式的技术要点有哪些？

稻-鲫生态种养模式的技术要点主要包括田间工程、水稻种植、鲫鱼养殖等。

（1）田间工程　在距离外埂内侧1米处开挖I、L、U等形状的边沟，沟宽2~3米，深1米，坡比1.0∶1.2左右。边沟面积需不超过稻田总面积10%。留宽4米左右的机械作业通道。在进排水口处安装拦鱼设施。加高内埂，使稻田水位最高可达30厘米以上。边沟内种植水花生等水草。

（2）水稻种植　选择抗病虫害、抗倒伏、耐肥性强、米质优、可深灌、株型适中的水稻品种。宜采用水稻钵苗或毯苗机插栽培方式。栽后浅水灌溉，促进分蘖发生，待水稻株高达40厘米以上时逐渐提高水位。水稻总施肥量较常规栽培减少30%~50%。运用物理防控、生物防控等方式控制水稻病虫草害发生。

（3）鲫鱼养殖　投放经3‰食盐水浸泡5~10分钟、3.3~5.0厘米规格、2 000~3 000尾/亩密度的鲫鱼种苗至边沟内。也可充分利用鲫鱼高繁殖力特性，于水稻栽插前至邻近农田水渠，观察野生鲫鱼幼苗群体出没状况，捞取放养。随水稻株高增加，打开内埂，提高水位，构建边沟-稻田通道，创造鲫鱼进入稻田觅食条件。边沟投喂与稻田投喂定点定时定量、交错进行。主要投喂玉米粉、大豆粉、麦麸、豆渣等小颗粒物。每天早晚投喂2次，投喂量以鲫鱼1小时吃完为标准。定期巡塘，做好生产记录，及时解决种养问题。9—10月按需捕获上市。

（编写者：徐强）

44. 什么是稻-鲢生态种养模式？

鲢为鲤科鲢属，俗称白鲢、鲢子，是四大家鱼之一。一般栖息于江河干流及附属水体上层。怀卵量在20万~161万粒间，4月下旬至7月产卵。仔鱼随水漂流，幼鱼能主动游入河湾或湖泊索饵。浮游生物食性，生长周期短，体重一般1~4千克，最大可达40千克。喜在静水水体肥育，冬季回到干流河床或湖泊深处越冬。肉质细腻软嫩，营养丰富。胆汁有毒，禁食。

稻-鲢生态种养即利用稻田湿地生态，使水稻与鲢鱼互利共生共存，兼产优质稻米和鲢鱼产品的绿色高效模式。鲢鱼幼鱼规格不大，喜水体上层，可进入稻田灭草除虫防病。随着鲢鱼生长进程的加快，规格不断增大，因而对稻田深水层构建、水稻抗倒性等提出了高要求。为此，从水稻、鲢鱼双丰收双高效角度考虑，稻-鲢生态种养按时间序可细分为边沟＋稻田养殖、边沟养殖两阶段，实现节肥、节药、节工等目标，优化稻田生态环境，提高稻田综合效益。

（编写者：徐强）

45. 稻-鲢生态种养模式的技术要点有哪些？

稻-鲢生态种养模式的技术要点主要包括稻田选择与田间工程、水稻种植、鲢鱼养殖等。

（1）稻田选择与田间工程　稻田应具有较强的保水保肥能力，且排灌方便、水质优良。在距离外埂内侧 1 米处开挖 I、L、U 等形状的边沟，沟宽 2～3 米，深 1 米，坡比 1.0：1.2。边沟面积需不超过稻田总面积 10％。留宽 4 米左右的机械作业通道。在进排水口处安装拦鱼设施。加高内埂，使稻田水位最高可达 40 厘米以上。边沟内安装增氧机，种植水花生等水草。

（2）水稻种植　选择抗病虫害、抗倒伏、耐肥性强、米质优、可深灌、株型高大的水稻品种。6 月中下旬，以农家沤肥、厩肥为主，一次性施足水稻基肥。宜采用水稻钵体壮秧、大苗机插栽培方式，栽后 10～15 天浅水灌溉，促进早分蘖、早发苗。随水稻茎蘖数和株高增加，打开内埂，提高稻田水位至 30～40 厘米，构建边沟-稻田通道，使得鲢鱼幼鱼早入田、稻鲢早共生。水稻总施肥量较常规栽培减少 50％。运用物理防控、生物防控等方式控制水稻病虫草害发生。

（3）鲢鱼养殖　投放经 3‰食盐水浸泡 5～10 分钟、每尾 100～200 克、300～350 尾/亩密度的鲢鱼幼苗至边沟内。7—8 月，保持水质肥度，促进边沟水草和稻田浮游生物生长，培育鲢鱼食料。以饲料碎屑与外源植物作为鲢鱼补充饵料。当鲢鱼每尾重量至 500 克以上时，逐步降低稻田水位，促使鲢鱼进入边沟。边沟内开启增氧机增氧，提倡用有益微生物制剂改良水质和底质。定期巡塘，做好生产记录，及时解决种养问题。10 月中旬起按需捕获上市。

（编写者：徐强）

46. 什么是稻-鳙生态种养模式？

鳙为鲤科鲢属，又名花鲢、胖头鱼、包头鱼、大头鱼、黑鲢、麻鲢，是四大家鱼之一。多分布在水域中上层，性温驯，行动较为缓慢，不爱跳跃。性成熟为四至五龄，繁殖期为4—7月。幼鱼时食浮游动物，成鱼后食浮游植物和藻类。适宜生长的水温为25～30℃，具有很强的生物净化能力，能有效调节水体环境，减少水体浮游生物植物含量，享有"水中清道夫"之美誉。成熟个体较小，3千克以上雌鱼即可达成熟。5千克重的雌鱼绝对怀卵量为20万～25万粒。在大江大湖等大水面环境中，可见到10千克以上鳙鱼个体，最大者可达50千克。鱼头大而肥，肉质雪白细嫩。鱼胆有毒，禁食。

稻-鳙生态种养即利用稻田湿地生态，使水稻与鳙鱼互利共生存，兼产优质稻米和镛鱼产品的绿色高效模式。鳙鱼在稻田活动过程中，扰动稻田表土，改良土壤结构，增加土壤通透性与水体溶氧量；食用大量稻田水体浮游生物，净化稻田水质，减少水稻病虫害发生，富含氮、磷等营养成分的排泄物则成为稻田有机肥料，起到减肥减药、增产提质、节本增效等多方面效果，利于稻-鳙生态种养绿色高质量可持续发展。

（编写者：徐强）

47. 稻-鳙生态种养模式的技术要点有哪些？

稻-鳙生态种养模式的技术要点主要包括稻田选择与田间工程、水稻种植、鳙鱼养殖等。

（1）稻田选择与田间工程 稻田应具有较强的保水保肥能力，且排灌方便、水质优良。在距离外埂内侧1米处开挖 I、L 等形状的边沟，沟宽2～3米，深1米，坡比1.0∶1.2。边沟面积需不超过稻田总面积10%。留宽4米左右的机械作业通道。在进排水口处安装拦鱼设施。加高内埂，使稻田水位最高可达40厘米以上。边沟内种植水花生等水草。

（2）水稻种植 选择抗病虫害、抗倒伏、耐肥性强、米质优、可深灌、株型高大的水稻品种。6月中下旬，一次性施足水稻基肥。宜

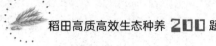

采用水稻钵体壮秧、大苗机插栽培方式，栽后10～15天浅水勤灌，促进早分蘖、早发苗，控制稻田杂草。随水稻茎蘖数和株高增加，打开内埂，提高稻田水位至30～40厘米，构建边沟-稻田通道，使得鳙鱼幼鱼早入田、稻鳙早共生。水稻总施肥量较常规栽培减少50%。运用物理防控、生物防控等方式控制水稻病虫草害发生。

（3）鳙鱼养殖　投放经3%食盐水浸泡5～10分钟、每尾150～200克、300尾/亩密度的鳙鱼幼苗至边沟内。7—8月，保持水质肥度，促进边沟水草和稻田浮游生物生长，培育鳙鱼食料。利用鳙鱼多分布在水体中上层的特性，创造条件使鳙鱼进入稻田活动。视情况投放饲料碎屑与外源植物，补充饵料。使用微生态制剂，调节水质。鉴于鳙鱼行动缓慢的特点，当鳙鱼每尾重量至500克以上时，逐日逐步降低稻田水位，促使鳙鱼游离稻田，回至边沟觅食生长。定期巡塘，做好生产记录，及时解决种养问题。10月中旬起按需捕获上市。

（编写者：徐强）

48. 什么是稻-黄颡鱼生态种养模式?

黄颡鱼为鲿科黄颡鱼属，别名黄辣丁、黄姑子、黄沙古、昂刺鱼、昂公等。属温水性小型鱼类，生长较慢。底栖生活于静水或缓流多水草的浅滩处，尤喜多腐殖质和多淤泥之处。喜昼伏夜出摄食，冬季聚集深水处。适应性强，抗病力较强。偏好清澈洁净水质，水体透明度应保持在35厘米以上，宜有活水常年流动。适于偏碱性水域，对盐度耐受性较差。生存水温1～38℃，生长温度16～34℃，最适温度范围22～28℃。杂食性，兼食幼鱼、鱼卵、虾类、水生昆虫、螺类、水生植物等。绝对怀卵量2 500～16 500粒，平均4 000粒。雄鱼有筑巢、守巢和保护后代习性。营养丰富，药用价值高。

稻-黄颡鱼生态种养即利用稻田湿地生态，使水稻与黄颡鱼互利共生共存，兼产优质稻米和黄颡鱼产品的绿色高效模式。黄颡鱼在稻田活动，幼鱼时以浮游动物为食，成鱼时以昆虫、鱼虾、螺、植物碎屑等为食，利于净化边沟与稻田水体，减少昆虫危害，摄食残渣落叶，增加鱼粪还田，进而降低肥药施用量，提高稻米质量安全水平与稻田综合效益。

（编写者：徐强）

49. 稻-黄颡鱼生态种养模式的技术要点有哪些?

稻-黄颡鱼生态种养模式的技术要点主要包括稻田选择与田间工程、水稻种植、黄颡鱼养殖等。

(1) 稻田选择与田间工程　稻田应具有较强的保水保肥能力,且排灌方便自如,水源充足,水质较洁净。在距离外埂内侧1米处开挖I、L等形状的边沟,沟宽2～3米,深1.5米,沟底平坦,坡比1.0:1.2。边沟面积需不超过稻田总面积10%。留宽4米左右的机械作业通道。在进排水口处安装拦鱼设施。加高内埂,使稻田水位最高可达40厘米。边沟内安装增氧机,种植水花生等水草。

(2) 水稻种植　选择抗病虫害、抗倒伏、米质优、可深灌的水稻品种。6月中下旬,一次性施足水稻基肥。宜采用水稻钵体壮秧、大苗机插栽培方式,栽后10～15天浅水勤灌,促进早分蘖、早发苗、控制稻田杂草。随水稻茎蘖数和株高增加,打开内埂,连通开挖40厘米宽、50～60厘米深的田中沟,逐步提高稻田水位至30厘米,构建边沟-稻田沟通道,使黄颡鱼幼鱼得以入田。水稻总施肥量较常规栽培减少30%。运用物理防控、生物防控等方式控制水稻病虫草害发生。

(3) 黄颡鱼养殖　投放体长10～15厘米和体重20克/尾左右规格、1 200～1 500尾/亩密度的黄颡鱼幼苗至边沟内。5—6月时,黄颡鱼生长快,除摄食水中大量的轮虫、大型枝角类、摇蚊幼虫等浮游动物外,每天早、中、晚各投喂1次,日投饲率为3%～5%。7—9月为黄颡鱼生长旺季,日投喂3次,投饲率为2%～3%。此阶段黄颡鱼通过田中沟进入稻田活动,摄食浮游动物、昆虫、螺类、植物碎屑等。边沟定期增氧换水。使用微生态制剂调节边沟和稻田水质,提高水体透明度。当黄颡鱼每尾重量至100克以上时,降低稻田水位,促使黄颡鱼游离稻田,回至边沟觅食生长。定期巡塘,做好生产记录,及时解决种养问题。10月中旬起按需捕获上市。

（编写者：徐强）

50. 什么是稻-美国斑点叉尾鮰生态种养模式？

美国斑点叉尾鮰为鲶形目、鮰科鱼类，又称沟鲶、钳鱼、美洲鲶，是一种大型淡水底层鱼类，最大个体可达 20 千克以上。体重4.5 千克的亲鱼可产卵约 3 万粒。幼鱼阶段喜集群在水体边缘摄食、活动，随鱼体长大转向水体中下层活动。温水性鱼类，适温范围 0～38℃，最适生长温度 15～32℃。正常生长溶氧要求 3 毫克/升以上。食性杂，喜弱光条件下日夜集群底层摄食。幼鱼以轮虫、枝角类、水生昆虫等个体较小的水生动物为主食，成鱼则以浮游动物、蝇类、摇蚊幼虫、软体动物、水生植物和小杂鱼为主食。各生长阶段均喜人工饲料。适应环境和抗病能力强，生长快，饲料转化率高，易上钩。味道鲜美，肉质细嫩。

近年来，我国加强了美国斑点叉尾鮰优良品种选育工作，发挥中国渔业协会鮰鱼行业分会作用，规范美国斑点叉尾鮰市场，加强了深加工及其开发利用[12]。稻-美国斑点叉尾鮰生态种养即利用稻田湿地生态，使水稻与美国斑点叉尾鮰互利共生共存，兼产优质稻米和美国斑点叉尾鮰产品的绿色高效模式。美国斑点叉尾鮰分阶段在边沟和田中沟活动，集群摄食水体浮游动物、蝇类、摇蚊幼虫、小杂鱼和稻田杂草等，利于净化边沟与稻田水体，增加水体溶氧，减少昆虫危害，大幅减少稻田杂草，增加鱼粪还田，进而降低肥药施用量，提高稻米质量安全水平与稻田综合效益。

（编写者：邢志鹏）

51. 稻-美国斑点叉尾鮰生态种养模式的技术要点有哪些？

稻-美国斑点叉尾鮰生态种养模式的技术要点主要包括稻田选择与田间工程、水稻种植、美国斑点叉尾鮰养殖等。

（1）稻田选择与田间工程　稻田应具有较强的保水保肥能力，且排灌方便、水质优良。在距离外埂内侧 1 米处开挖 I、L 等形状的边沟，沟宽 2～3 米，深 1.5 米，坡比 1.0∶1.2。边沟面积需不超过稻田总面积 10%。留宽 4 米左右的机械作业通道。在进排水口处安装拦鱼设施。加高内埂，使稻田水位最高可达 40 厘米。边沟内安装增氧机、自动投饵机，种植水花生等水草。

（2）水稻种植 选择抗病虫害、抗倒伏、耐肥性强、米质优、可深灌、株型高大的水稻品种。6 月中下旬，一次性施足水稻基肥。宜采用水稻钵体壮秧、大苗机插栽培方式，栽后 10～15 天浅水勤灌，促进早分蘖、早发苗，控制稻田杂草。随水稻茎蘖数和株高增加，打开内埂，连通开挖不同地点 3～4 条 50 厘米宽、60 厘米深的田中沟，使得沟沟相连，并出于美国斑点叉尾鮰具有集群底层活动的习性考虑，逐步提高稻田水位至 30～40 厘米，构建边沟-稻田沟通道，使美国斑点叉尾鮰幼鱼得以入田。水稻总施肥量较常规栽培减少 50%。运用物理防控、生物防控等方式控制水稻病虫草害发生。

（3）美国斑点叉尾鮰养殖 投放经 3% 食盐水浸泡 5～10 分钟、每尾 150～200 克、800～1 000 尾/亩密度的美国斑点叉尾鮰幼苗至边沟内。保持均衡增氧，使用微生态制剂调节水质，每半月用 10～20 千克/亩生石灰全田泼撒 1 次，实施早晚两次精准投喂。7—8 月高温季节，美国斑点叉尾鮰活动量大、代谢旺盛，水质变化快，需 3～5 天加注 1 次 20～35 厘米深新水。创造条件使美国斑点叉尾鮰集群进入相互贯通的边沟和田中沟活动。当美国斑点叉尾鮰每尾重量至 800～1 000 克时，降低稻田水位，促使美国斑点叉尾鮰全部游离稻田，回至边沟觅食生长。定期巡塘，做好生产记录，及时解决种养问题。10 月下旬起按需捕获上市。

（编写者：邢志鹏）

52. 什么是稻-乌鳢生态种养模式？

乌鳢为鳢科鳢属，别称蛇头鱼、黑鱼、乌鱼、乌棒、蛇头，是一种凶猛的肉食性鱼类。喜栖息于水草茂盛或浑浊的水底，生性凶猛，胃口奇大，可突袭吞食水生昆虫幼虫、鱼虾等，甚至同类幼鱼，但不主动追赶猎物，也可兼食豆饼、菜饼、鱼粉等人工配合饲料。生存水温 0～41℃，最适水温 16～30℃，水温高时尤其贪食。对缺氧、水温和不良水质有很强的适应能力。既可吸进水体溶解氧，也可直接吸收空气氧。在少水和无水的潮湿地带能生存相当长时间，生命力在淡水鱼类中居首位。繁殖力强，怀卵量一般每千克体重2万~3万粒，亲鱼具护幼习性。跳跃能力很强，可陆地滑行，迁移到其他水域寻找食物。肉质鲜美，营养丰富，为我国传统名优水产品种之一。

稻-乌鳢生态种养即利用稻田湿地生态，使水稻与乌鳢互利共生共存，兼产优质稻米和乌鳢产品的绿色高效模式。乌鳢具有耐高温、耐低溶解氧、耐不良水质、耐旱和高繁殖力、强生命力等优点，对环境适应性很强，适于稻田综合种养。乌鳢进入稻田活动，可灭杀浮游动物、稻田昆虫、杂鱼等，鱼粪还田且不影响水稻搁田，还可起到大幅减少肥药施用、改善稻田生态环境、提高水稻产量和品质等效用，是一项很有发展前途的稻田高质高效生态种养方式[13]。但在生态种养中，应密切防范乌鳢易逃、难捕和同类易自相残杀等问题，确保安全可靠和有效调控。

（编写者：邢志鹏）

53. 稻-乌鳢生态种养模式的技术要点有哪些?

稻-乌鳢生态种养模式的技术要点主要包括稻田选择与田间工程、水稻种植、乌鳢养殖等。

（1）稻田选择与田间工程 稻田应具有较强的保水保肥能力，且排灌方便、水质较好。在距离外埂内侧1米处开挖I、L、U等形状的边沟，沟宽2~3米，深1米，坡比1:1。边沟面积需不超过稻田总面积10%。留宽4米左右的机械作业通道。在进排水口处安装密网拦鱼设施。使用钙塑板沿稻田外埂内侧铺设防逃墙，高出田面50厘米，防止乌鳢跳跃逃离；埋入土下20厘米，用牢固木桩支撑，内外密接夯实。加高稻田内埂，使稻田水位最高可达30厘米。边沟内种植水花生等水草。

（2）水稻种植 选择抗病虫害、抗倒伏、米质优、株型高大的水稻品种。6月中下旬，一次性施足水稻基肥。宜采用水稻钵体壮秧、大苗机插栽培方式，栽后10~15天浅水勤灌，促进早分蘖、早发苗，控制稻田杂草。随水稻茎蘖数和株高增加，打开内埂，连通开挖40厘米宽、50厘米深的田中沟，逐步提高稻田水位至25厘米，构建边沟-稻田沟通道，使乌鳢幼鱼得以入田捕食。水稻总施肥量较常规栽培减少40％。运用物理防控、生物防控等方式控制水稻病虫草害发生。

（3）乌鳢养殖　因乌鳢具有互相残杀、以强食弱、高温贪食的习性，故投放经3‰食盐水浸泡5～10分钟、规格基本一致（每尾15克左右）、2 000～3 000尾/亩密度的乌鳢幼苗至边沟内，并配合放养野生鲫鱼、泥鳅、麦穗鱼等小规格鱼苗，供乌鳢食用。放养前进行生石灰消毒，防止水质污染。养殖前期每天上午8～9时、下午16—17时各投喂1次野杂鱼、动物废弃内脏，养殖中期每天投喂两次鱼粉、米糠、玉米粉、花生饼等人工配合饵料，每次投喂量一般是乌鳢体重的5％。每周加注新水，每次更换50％田水。当乌鳢每尾重量至400～500克时，逐步降低稻田水位，促使乌鳢游离稻田，回至边沟觅食生长。定期巡塘，做好生产记录，及时解决种养问题。10月下旬起按需捕获上市。全部捕尽则需放干边沟和稻田水，从泥中找出乌鳢，进行人工捕捉。

（编写者：邢志鹏）

54. 什么是稻-沙塘鳢生态种养模式？

沙塘鳢为沙塘鳢科沙塘鳢属，别称塘鳢、沙乌鳢、土才鱼、四不像、癞蛤蟆鱼、虎头鲨、虎头呆、痴虎呆子鱼等，是一种淡水小型食肉鱼。喜生活于河沟及湖泊近岸多水草、瓦砾、石隙、泥沙的底层，具底栖穴居习性。游泳力弱。冬伏于水层较深处或石块下越冬，以小鱼小虾为主食。一龄鱼即达性成熟，4—6月初为产卵季。肉多刺少，肉质鲜嫩，味道鲜美，营养丰富。在长三角地区一直被视为淡水名贵鱼类，市场价格高，经济效益好[14]。

稻-沙塘鳢生态种养即利用稻田湿地生态，使水稻与沙塘鳢互利共存，兼产优质稻米和沙塘鳢产品的绿色高效模式。稻田养殖沙塘鳢，有利于抑制边沟中野杂鱼和虾的繁衍，有利于显著改善稻田生产生态条件，减少肥药施用量，控制农业面源污染。通过同时生产优质稻米与高档水产沙塘鳢，实现稻鱼"双赢"、肥药"双减"、量质"双优"，有助于提高稻田综合效益，促进乡村产业振兴。

（编写者：邢志鹏）

55. 稻-沙塘鳢生态种养模式的技术要点有哪些？

稻-沙塘鳢生态种养模式的技术要点主要包括稻田选择与田间工程、水稻种植、沙塘鳢养殖等。

（1）稻田选择与田间工程　稻田应具有较强的保水保肥能力，且排灌方便、水质优良。在距离外埂内侧1米处开挖I、L等形状的边沟，沟宽2～3米，深1.0～1.5米，沟底平坦，铺设小石块、瓦筒、瓦片等，坡比1.0∶1.2。边沟面积需不超过稻田总面积10%。留宽4米左右的机械作业通道。在进排水口处安装密网拦鱼设施。边沟内种植水花生等水草。

（2）水稻种植　选择抗病虫害、抗倒伏、米质优、株型高大的水稻品种。6月中下旬，一次性施足水稻基肥。宜采用水稻钵体壮秧、大苗机插栽培方式，栽后10～15天浅水勤灌，促进早分蘖、早发苗，控制稻田杂草。水稻总施肥量较常规栽培减少30%。运用物理防控、生物防控等方式控制水稻病虫草害发生。

（3）沙塘鳢养殖　放养前将生石灰化开后泼洒全田，做好清沟消毒工作。由于沙塘鳢具有底栖穴居和食肉习性，因而主要在边沟养殖。投放经3%食盐水浸泡5～10分钟、体长2厘米规格、1 500～2 000尾/亩密度的沙塘鳢幼苗至边沟内，并配合放养野生鲫鱼、抱卵青虾等小规格苗种，作为沙塘鳢的天然饵料。投喂动物性饵料为主，也可投放玉米粉、豆渣、麦麸等植物性饵料。定期监测水质，保持边沟水体pH偏碱性、透明度30～50厘米、溶解氧4～5毫克/升。注意巡塘，注换新水，定期用生石灰等进行水体消毒。10月下旬根据市场需求，采用地笼捕大留小，同时收获部分青虾，适时销售。

（编写者：邢志鹏）

56. 什么是稻-田螺生态种养模式？

田螺学名中国圆田螺，为田螺科圆田螺属，俗称螺蛳、螺坨等，是中国产的一种淡水螺。雌雄异体，雌螺大而圆，雄螺小而长。每年3—4月繁殖。单个母螺全年产出100～150只仔螺。食性杂，喜欢夜间活动摄食。栖息于底泥富含腐殖质的水域环境，常以微生物、腐殖质、浮游植物、幼嫩水生植物、青苔等为食，也喜食人工饲料。耐寒畏热，生活适宜温度 20～28℃，水温低于 10℃ 或高于 30℃ 即停止摄食、钻入泥土草丛避寒避暑。对水体溶氧很敏感，对水质要求较高，产量少，夏秋季捕取。味道鲜美，营养丰富。国内以"柳州螺蛳粉"最负盛名，"螺蛳＋米粉"多产融合发展，收到了显著成效。

稻-田螺生态种养即利用稻田湿地生态，使水稻与田螺互利共生共存，兼产优质稻米和田螺产品的绿色高效模式。稻螺共生共存对于稻田物质循环利用和能量高效流动有着重要意义。稻-田螺生态种养有助于延长稻田生态系统食物链，优化协调稻螺生态系统中水稻、其他稻田植物、微生物、藻类、菌类、田螺、稻田昆虫等多元生物种群间的相互联系、制约和依赖关系，充分发挥稻田生态环境的最大负载力，促进稻田高品质产品绿色高质量可持续产出，有效提高稻田综合效益。

（编写者：徐强）

57. 稻-田螺生态种养模式的技术要点有哪些?

稻-田螺生态种养模式的技术要点主要包括稻田选择与田间工程、水稻种植、田螺养殖等。

（1）稻田选择与田间工程　稻田应具有较强的保水保肥能力，且集中连片、排灌方便、水质优良。在距离外埂内侧 1 米处开挖 I、L 等形状的边沟，沟宽 2～3 米，深 1 米，坡比 1.0∶1.2。边沟面积需不超过稻田总面积 10%。留宽 4 米左右的机械作业通道。在进排水口处安装密网拦鱼设施。加高稻田内埂，使稻田水位最高可达 30 厘米。边沟内种植水花生等水草。

（2）水稻种植　选择抗病虫害、抗倒伏、米质优的水稻品种。6 月中下旬，一次性施足水稻基肥。宜采用水稻钵体壮秧、大苗机插栽培方式，栽后 10～15 天浅水勤灌，促进早分蘖、早发苗，控制稻田杂草。随水稻茎蘖数和株高增加，打开内埂，连通开挖 30 厘米宽、40 厘米深的田中沟，逐步提高稻田水位至 20～25 厘米，构建边沟-稻田沟通道，使田螺得以入田捕食。水稻总施肥量较常规栽培减少 20%～30%。运用物理防控、生物防控等方式控制水稻病虫草害发生。

　　（3）田螺养殖　　放养前将生石灰化开后泼洒全田，做好清沟消毒工作。由于田螺食性杂，移动慢，喜栖息于底泥富含腐殖质的水域环境，对水体溶氧敏感，对水质要求较高等，因而主要以边沟养殖为主，以田中沟养殖为辅。投放 800 只/千克左右规格、6 万～8 万只/亩密度的幼螺至边沟内。定时定点定量投放经粉碎与发酵处理的花生麸、玉米粉、麦麸、米糠等植物性饲料。定期在稻田泼洒生石灰水，消毒杀菌，防止田螺病症发生。8 月下旬起用网抄捕或拣拾田螺，捕大留小，分批出田，保湿运输，应市销售。

（编写者：徐强）

58. 什么是稻-青蛙生态种养模式?

　　青蛙学名黑斑侧褶蛙，为蛙科侧褶蛙属，别名蛙、田鸡、蛙子等，是两栖类动物。兼用肺和皮肤呼吸。水边栖息，长于游泳，喜夜间活动，怕干旱寒冷，具强大跳跃能力。以鳞翅目、鞘翅目、半翅目等昆虫为主食，兼食其他小型无脊椎动物及植物，动物性食物约占其食谱的 93%。青蛙是消灭稻田害虫的能手，并具有药用功能，是国家保护动物。《农业农村部 国家林业和草原局关于进一步规范蛙类保护管理的通知》（农渔发〔2020〕15 号）文件规定，对于目前存在交叉管理、养殖历史较长、人工繁育规模较大的黑斑蛙、棘胸蛙、棘腹蛙、中国林蛙（东北林蛙）、黑龙江林蛙等相关蛙类，由渔业主管部门按照水生动物管理；各地渔业主管部门要加强相关蛙类的养殖管理，强化苗种生产审批和监管；在县级以上地方人民政府颁布的养殖水域滩涂规划确定的养殖区和限养区内从事养殖生产的，要依法向县级以上人民政府渔业主管部门提出申请，由本级人民政府核发养殖证。为此，该模式特指获得养殖许可的稻-青蛙共生种养模式。

　　稻-青蛙生态种养即利用稻田湿地生态，使水稻与青蛙互利共生共存，兼产优质稻米和青蛙的绿色高效模式。水稻植株覆盖形成的遮阴水田为青蛙提供了良好的生长栖息场所和食源地。稻田害虫是青蛙主食的天然饵料，青蛙排泄物则为水稻提供了优质的天然有机肥料。水稻、青蛙两者和谐共生、互利友好，可有效减少肥药施用，节省种养成本，优化产品质量，改善稻田环境，维持生态平衡，提高稻田综合效益。

（编写者：徐强）

59. 稻-青蛙生态种养模式的技术要点有哪些？

稻-青蛙生态种养模式的技术要点主要包括稻田选择与田间工程、水稻种植、青蛙养殖等。

（1）稻田选择与田间工程　稻田应具有较强的保水保肥能力，排灌方便，水质优良。在距离外埂内侧1米处开挖Ⅰ、L、U等形状边沟，沟宽1米，深0.6~0.8米，坡比1∶1。边沟面积需不超过稻田总面积10%。留宽4米左右的机械作业通道。在进排水口处安装密网拦鱼设施。使用细密铁丝网或钙塑板沿稻田外埂内侧铺设防逃墙，高出田面50厘米，防止青蛙跳跃逃离；埋入土下30厘米，用牢固木桩支撑，内外密接夯实。全稻田拉牢固钢丝，盖透光天网，防天敌进入与青蛙逃离。加高稻田内埂，使稻田水位最高可达30厘米。边沟内种植水花生等水草。

（2）水稻种植　选择抗病虫害、抗倒伏、米质优的水稻品种。6月中下旬，一次性施足水稻基肥。宜采用水稻钵体壮秧、大苗机插栽培方式，栽后7~10天浅水勤灌，促进早分蘖、早发苗，控制稻田杂草。后逐步提高稻田水位至20~25厘米。水稻总施肥量较常规栽培减少30%。运用物理防控、生物防控等方式控制水稻病害、草害等发生。

（3）青蛙养殖　选择晴天早晨或傍晚，投放20克/只左右规格、1 500只/亩密度的幼蛙或规格整齐的蝌蚪幼苗5 000只/亩至边沟内。定时、定点、定质、定量投放人工颗粒饲料，搭配投放泥鳅苗种，投喂量为青蛙体重的2%。做好水质管理、巡塘观察与种养记录。10月上旬起按需捕获，持养殖证上市。

（编写者：徐强）

60. 什么是稻-牛蛙生态种养模式？

牛蛙为蛙科蛙属，别名菜蛙，是一种需取得养殖证养殖的大型食用蛙。在沼泽、湖塘、河沟、稻田中均能生存繁衍。从卵至能繁殖的成蛙需3～5年，人工饲养条件下可存活7年以上。蝌蚪以藻类、轮虫、多种昆虫幼虫等为食。幼蛙和成蛙捕食昆虫、小虾、小蟹、小鱼等。幼蛙食欲旺盛，每天摄食时间6小时以上。成蛙后腿发达有力，善跳跃，会掘土打洞、爬墙上树。个体硕大，生长快速，高产高效。肉质细嫩，营养丰富，兼具食用和药用价值。

稻-牛蛙生态种养即利用稻田湿地生态，使水稻与牛蛙互利共生共存，兼产优质稻米和牛蛙产品的绿色高效模式。稻田提供牛蛙生长栖息场所与食源地。牛蛙食谱广，食量大，可大量捕食稻田害虫，显著降低水稻虫害等发生。牛蛙排泄物则是水稻的天然有机肥料，利于大大减少化学肥料施用。为此，水稻和牛蛙共生种养，相得益彰，利多弊少，质效并举，符合农业绿色高质量可持续发展方向。

（编写者：徐强）

61. 稻-牛蛙生态种养模式的技术要点有哪些?

稻-牛蛙生态种养模式的技术要点主要包括稻田选择与田间工程、水稻种植、牛蛙养殖等。

（1）稻田选择与田间工程　稻田应具有较强的保水保肥能力，排灌方便，水质优良。在距离外埂内侧1米处开挖I、L、U等形状边沟，沟宽1.0～1.5米，深0.8～1.0米，坡比1∶1。边沟面积需不超过稻田总面积10%。留宽4米左右的机械作业通道。在进排水口处安装密网拦鱼设施。使用细密铁丝网或钙塑板沿稻田外埂内侧铺设防逃墙，高出田面50～60厘米，防止牛蛙跳跃逃离；埋入土下30厘米，用牢固木桩支撑，内外密接夯实。全稻田拉牢固钢丝，盖透光天网，防天敌进入与牛蛙逃离。加高稻田内埂，使稻田水位最高可达30厘米。边沟内种植水花生等水草。

（2）水稻种植　选择抗病虫害、抗倒伏、米质优的水稻品种。6月中下旬，一次性施足水稻基肥。宜采用水稻钵体壮秧、大苗机插栽培方式，栽后7～10天浅水勤灌，促进早分蘖、早发苗，控制稻田杂草。后逐步提高稻田水位至30厘米。水稻总施肥量较常规栽培减少40%。运用物理防控、生物防控等方式控制水稻病害、草害等发生。

（3）牛蛙养殖　投放 20～30 克/只规格、2 500～3 000 只/亩密度的幼蛙至边沟内。定时、定点、定质、定量投放蝇蛆、蚯蚓、蜗牛、飞蛾、各种昆虫、小鱼虾等活体饵料或猪肺、猪肝、家禽内脏、碎肉和人工配合的颗粒饲料，每天投喂 3～4 次，投喂量为牛蛙体重的 10%～15%。做好水质管理、巡塘观察与种养记录。10 月中旬起按需捕获，持养殖证上市。

（编写者：徐强）

62. 什么是稻-蟾蜍生态种养模式？

蟾蜍为蟾蜍科蟾蜍属，别称癞蛤蟆、疥蛤蟆、蛤蟆等，是一种具有高药用价值的两栖动物。蟾蜍在我国主要有中华大蟾蜍和黑眶蟾蜍两种。体表多疙瘩，内有毒腺。皮肤易失水，白昼多匿藏于土洞内，黄昏时出洞觅食，以甲虫、蛾类、蜗牛、蝇蛆等为食。夜间或雨后常见。多行动缓慢笨拙，不善游泳和跳跃，大多匍匐爬行。成体环境适应力好。5—8 月气温 16℃ 时即可产卵，每次产卵量 5 000 个左右；双行排列在管状胶质带内，卵带长达数米；经 3～4 天即可孵出小蝌蚪。主药用，需获养殖证。

稻-蟾蜍生态种养即利用稻田湿地生态，使水稻与蟾蜍互利共生共存，兼产优质稻米和蟾蜍药材（蟾衣、蟾酥、蟾干、蟾蜍胆等）资源的绿色高效模式。蟾蜍食量大，可广为灭杀稻田害虫，显著减少水稻虫害与相关病害，同时提供大量排泄物肥沃土壤，通过稻田活动疏松土壤，稻田则为蟾蜍提供了广阔的生长栖息空间和良好的生态环境条件。稻-蟾蜍生态种养促使种植业与药材产业有效融合，提高了稻田综合效益，有利于农业增效与农民增收。

（编写者：徐强）

63. 稻-蟾蜍生态种养模式的技术要点有哪些？

稻-蟾蜍生态种养模式的技术要点主要包括稻田选择与田间工程、水稻种植、蟾蜍养殖等。

（1）稻田选择与田间工程　稻田应具有较强的保水保肥能力，排

• 59 •

灌方便，水质优良。在距离外埂内侧 1 米处开挖 I、L 等形状边沟，沟宽 1.5 米，深 0.8～1.0 米，坡比 1.0：1.2，满足蟾蜍产卵、小蝌蚪孵化和饲养等所需。边沟面积需不超过稻田总面积 10%。留宽 4 米左右的机械作业通道。在进排水口处安装密网拦鱼设施。使用窗纱密网沿稻田四周外埂内侧铺设阻隔网，高出田面 60 厘米；埋入土下 15～20 厘米，用牢固木桩固定，内外密接夯实，防止天敌进入稻田与蟾蜍逃离。边沟内种植水花生等多种水草。

（2）水稻种植 选择抗病虫害、抗倒伏、米质优的水稻品种。6 月中下旬，一次性施足水稻基肥。宜采用水稻钵体壮秧、大苗机插栽培方式，栽后 7～10 天浅水勤灌，促进早分蘖、早发苗，控制稻田杂草。后动态保持 5～10 厘米深稻田水位。水稻总施肥量较常规栽培减少 30%。运用物理防控、生物防控等方式控制水稻病害、草害等发生。

（3）蟾蜍养殖 投放经 1.5% 食盐水消毒、6 000～8 000 只/亩密度的蟾蜍蝌蚪至边沟内。保持边沟与稻田水质较为清爽，常灌"跑马水"。使用太阳能灭虫灯诱杀昆虫或投喂蝇蛆、蛋白质含量高的人工配合饲料等，供蟾蜍食用。8 月起，每月全田筛选 1 次，捕大留小。捕后洗净、刮浆，制成蟾酥。后将捕出的蟾蜍放于专用的养殖池，采集蟾衣或作其他药用。做好巡塘观察与种养记录，积累种养经验。

（编写者：徐强）

64. 什么是稻-鸭生态种养模式？

鸭为鸭科鸭属。性情温顺，胆小易惊。陆上行走，步履迟缓；善于在水中觅食嬉戏、捕鱼捉虾，灵活自如，水性好。食道大，能吞食较大食团。视域宽，条件反射能力好，利于驯化。对寒冷有较强抵抗力。家鸭不会飞，成群饲养，肉蛋可食，绒毛可做衣被。野鸭会飞，嘴扁颈长，趾间有蹼，善游泳，也可人工饲养。经驯化选育，现有肉用型、蛋用型和兼用型 3 种。味道鲜美，营养丰富。北京烤鸭、南京板鸭、高邮双黄蛋等久负盛名。

稻-鸭生态种养即利用稻田湿地生态，使水稻与鸭子互利共生共存，兼产优质稻米和鸭肉鸭蛋产品的绿色高效模式。鸭子全天候在稻田游走觅食，超高效除虫灭草，吃食其他水生动物，排泄有机物质，发挥控虫防病、中耕除草、以肥促稻、控肥减药、稻鸭互利、节本增效、增产增收等作用。稻鸭生态种养系统较好地发挥了稻田在时空上的独特优势，促进了物质能量多级利用，增强了生态系统的稳定性与资源利用的高效化，优化了稻田生态环境，提高了稻田生产力与综合效益。

（编写者：徐强）

65. 稻-鸭生态种养模式的技术要点有哪些？

稻-鸭生态种养模式的技术要点主要包括稻田选择与田间工程、水稻种植、鸭子养殖等。

（1）稻田选择与田间工程　稻田应具有较强的保水保肥能力，地势平整，排灌方便，水质优良。在距离外埂内侧 1 米处开挖 I、L 等形状边沟，沟宽 1.5 米，深 0.8～1.0 米，坡比 1.0：1.3。边沟面积需不超过稻田总面积 10%。留宽 4 米左右的机械作业通道。在进排水口处安装拦鱼设施。使用窗纱密网或栅栏沿稻田四周外埂内侧铺设阻隔网，高出田面 50 厘米；埋入土下 20 厘米，用牢固木桩等固定，内外密接夯实，防止天敌进入稻田与鸭子逃离。加高稻田内埂，使稻田水位最高可达 30 厘米。在稻田交通便利、与边沟邻接处，构筑鸭舍与活动场所。边沟内种植水花生等水草。

（2）水稻种植　选择丰产性好、熟期适中、抗病（抗稻瘟病、稻曲病、纹枯病等）、抗倒、株型紧凑、大穗型、米质优的水稻品种。6 月中下旬，一次性施足水稻基肥。宜采用水稻钵体壮秧、宽窄行大苗机插栽培方式，栽后 7～10 天浅水勤灌，促进早分蘖、早发苗，控制稻田杂草。后逐步提高稻田水位至 15～20 厘米。水稻总施肥量较常规栽培减少 50% 以上。运用物理防控、生物防控等方式控制水稻病害、草害等发生。

（3）鸭子养殖　选择晴好天气，放养 12～15 只/亩密度的雏鸭至边沟内。充分利用鸭子条件反射能力好、喜集群活动的特点，早晚专人投喂玉米、豆粕、鱼粉、麦麸、米糠等饲料。白天无需饲喂，促使鸭子当好稻田"全能鸭兵"，全田觅食，除虫灭草。定期巡塘，做好生产记录，及时解决种养问题。当稻田鸭平均重量至 1 千克/只左右时，按需捕获，从快上市。

（编写者：徐强）

66. 什么是稻-猪生态种养模式？

猪为猪科，古时也称豚。家猪体肥肢短，性情温顺，适应力强，繁殖快，长于拱土觅食。饮水采食同时进行，喜食颗粒料和湿料。对吃喝记忆力和条件反射能力强，听从信号指挥。定居漫游，合群竞争，好奇探究，交互亲近。行为具明显的昼夜节律，以白昼活动为主。出生后 5～12 个月可交配，妊娠期约 4 个月。猪肉性味甘咸平，营养丰富，为人们日常生活的主要副食品。

稻-猪生态种养模式一般是指以水稻秸秆和猪排泄物高效利用为核心，优化生产优质稻米和猪肉产品的绿色高效模式。水稻秸秆可以直接还田或加工成猪饲料，也可与猪粪尿排泄物一起作为沼气原料，产生的沼气可转化为热能或可供水稻生产和生猪养殖环节用电需要，剩余的沼液沼渣可以还田或制作成有机肥，实现稻-猪生态种养废弃物的资源化综合利用，变废为宝，提高物能利用率，降低生产成本，提升土壤肥力，减少污染排放，提高产品质量，具有多方面质效。

（编写者：徐强）

67. 稻-猪生态种养模式的技术要点有哪些？

稻-猪生态种养模式的技术要点主要包括稻田选择与田间工程、水稻种植、生猪养殖等。

（1）稻田选择与田间工程 稻田应规模连片，保水保肥能力强，地势平整，沟渠配套，排灌方便，水质优良，邻近规模化生猪养殖场与沼气池，远离居民区。留宽 4 米左右的机械作业通道。

（2）水稻种植 选择丰产性好、耐肥性强、熟期适中、抗病、抗倒、米质优的水稻品种。6 月中下旬，一次性采用沼液沼渣施足水稻基肥。宜采用水稻钵体壮秧、宽窄行大苗机插栽培方式，栽后 7～10 天采用沼液沼渣施好分蘖肥，后浅水勤灌，促蘖控草。当水稻茎蘖数达预期穗数的 80％时，多次轻搁田。当群体叶色明显变淡时，继续采用沼液沼渣施好穗肥。此时保持稻田水位 5 厘米左右，防止粪肥水中的盐分累积。水稻总化肥施用量较常规栽培减少 40％～60％。综合运用物理防控、生物防控、化学防控等方式控制水稻病虫草害发生。

（3）生猪养殖　生猪养殖场建设应符合国家环境保护法律法规要求。按照每头猪配套 1 亩稻田进行养殖规模界定。生猪养殖过程中，需确立生态健康养殖理念，禁止滥用抗生素等药物，以免对土壤生物与土壤活性构成威胁。水稻秸秆经粉碎发酵后可用作猪饲料。建优生猪粪尿沟，集中收集猪粪，经池外堆沤发酵，连同稻麦秸秆、猪尿等输送至沼气池生产沼气，沼液沼渣用于种植水稻或生产有机肥。

（编写者：徐强）

68. 什么是稻-羊生态种养模式？

羊为牛科羊亚科，有山羊属、盘羊属之分。体形较胖，体毛绵密，性情温顺。肉味苦、甘，性大热。全身是宝，兼具食用和药用价值。小尾寒羊、中卫山羊、长江三角洲白山羊、西藏山羊、济宁青山羊、湖羊、滩羊、雷州山羊、和田羊、大尾寒羊、兰州大尾羊等为国家级畜禽遗传资源保护品种。

稻-羊生态种养模式一般是指以水稻秸秆和羊排泄物高效利用为核心，优化生产优质稻米和羊肉产品的绿色高效模式。江苏省苏州市太仓市稻-羊生态种养模式已开展的实践表明，以 1 亩稻 5 只羊配比，将水稻收获后的秸秆进行发酵与用稻田杂草饲喂羊群，再以发酵的羊粪进行还田，利用绿色生态循环实现了农业废弃物的资源化高效化综合利用，收到了显著的经济、生态和社会效益，成为"亩产万元""环境友好"的高效农业模式。

（编写者：徐强）

69. 稻-羊生态种养模式的技术要点有哪些？

稻-羊生态种养模式的技术要点主要包括稻田选择与田间工程、水稻种植、羊养殖等。

（1）稻田选择与田间工程　稻田应规模连片，保水保肥能力强，地势平整，沟渠配套，排灌方便，水质优良，邻近羊养殖场，远离居民区。留宽 4 米左右的机械作业通道。

（2）水稻种植　选择丰产性好、耐肥性强、熟期适中、抗病、抗倒、米质优的水稻品种。6 月中下旬，一次性采用发酵羊粪施足水稻基肥。宜采用水稻钵体壮秧、宽窄行大苗机插栽培方式，栽后 7～10 天采用发酵羊粪施好分蘖肥，后浅水勤灌，促蘖控草。当水稻茎蘖数达预期穗数的 80% 时，多次轻搁田。当群体叶色明显变淡时，继续采用发酵羊粪施好穗肥。后干湿交替灌溉至水稻成熟前 7 天。水稻总化肥施用量较常规栽培减少 30%～40%。综合运用物理防控、生物防控、化学防控等方式控制水稻病虫草害发生。

（3）羊养殖　羊养殖场建设应符合国家环境保护法律法规要求。按照 5 只羊配套 1 亩稻田进行养殖规模界定。羊养殖过程中，需确立生态健康养殖理念，禁止滥用抗生素等药物。集中收集羊粪颗粒物，经池外堆沤发酵，连同稻麦秸秆等输送至沼气池生产沼气，沼液沼渣用于种植水稻或生产有机肥。

（编写者：徐强）

70. 什么是稻-鸡生态种养模式?

鸡为雉科原鸡属。体温 40.9～41.9℃，平均体温 41.5℃。母鸡年均产蛋约 300 枚/只。工厂化养殖条件下一般 110 天左右产蛋。自然光照下，采食高峰在日出后 2～3 小时与日落前 2～3 小时。料肉比一般为 (1.5～2.0)∶1.0，料蛋比一般为 (2.0～2.5)∶1.0。雏鸡喜干爽通风环境，体温高，新陈代谢旺盛，生长发育快，抗寒力、抵抗力弱。胆小，易惊群，喜安静环境。饲养环境下最长可存活 13 年。

稻-鸡生态种养即基于田间工程和配套设施，利用稻田生态系统，使水稻与鸡互利共生共存，兼产优质稻米和鸡肉、鸡蛋产品的绿色高效模式。干湿交替灌溉的稻田为鸡提供了广阔的活动空间与食物来源，鸡在稻田自主觅食，兼食饲料及其配方，鸡粪还田肥稻，使得水稻生产上减少了肥药施用量，利于优化稻田生态环境与提升稻鸡产品产量和品质。湖南等地创新发展了稻-鸡生态种养模式，收到了良好成效。

（编写者：窦志）

71. 稻-鸡生态种养模式的技术要点有哪些？

稻-鸡生态种养模式的技术要点主要包括稻田选择与田间工程、水稻种植、鸡养殖等。

（1）稻田选择与田间工程　稻田应规模连片，保水保肥能力强，地势平整，沟渠配套，排灌方便，水质优良，在紧邻处配套建设鸡舍，远离居民区。使用窗纱密网或栅栏沿稻田外侧铺设阻隔网（涵盖鸡舍），高出田面 60 厘米，埋入土下 20 厘米，内外密接夯实，防止天敌进入稻田与鸡逃离。稻田每隔 20～30 米平行筑垄，高 15～20 厘米，利于鸡群深入稻田活动。留宽 4 米左右的机械作业通道。

（2）水稻种植　选择丰产性好、耐肥性强、熟期适中、抗病、抗倒、植株高大、米质优的水稻品种。6 月中下旬，一次性施足水稻基肥。宜采用水稻钵体壮秧、宽窄行距和大株距大苗机插栽培方式，栽后 7～10 天浅水勤灌，促进早分蘖、早发苗。当水稻茎蘖数达预期穗数的 80% 时，多次轻搁田。后干湿交替灌溉至水稻成熟前 7 天。水稻总施肥量较常规栽培减少 50% 以上。运用物理防控、生物防控等方式控制水稻病害等发生。

（3）鸡养殖　在符合国家环境保护法律法规条件下，按照约 50 只鸡配套 1 亩稻田进行养殖规模界定。鸡种雌雄搭配，以雌为主。鸡在稻田和鸡舍内活动。早晚专人投喂玉米、豆粕、麦麸、米糠等饲料或人工饲料配方，满足鸡的生长需求。鸡养殖过程中，需确立生态健康养殖理念，禁止滥用抗生素等药物。按时收拾鸡蛋，集中上市或订单销售。于水稻成熟前后，分批售卖稻田鸡。

（编写者：窦志）

72. 什么是稻田生态复合种养模式？

稻田生态复合种养模式是指在坚持"稳粮增收"根本前提和"不与人争粮，不与粮争地"基本原则下，将水稻种植与两种及其以上水

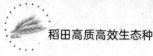

产、畜禽等有机组合，复合种养，生态优先，绿色引领，减少投入，达到充分利用环境、土壤及生物资源[15]，促进稻田生态系统高质高效产出的目的。经不断实践和总结，各地衍生发展出了三元及多元化生态复合种养模式，如稻-鸭-鱼、稻-鸡-斑点叉尾鲴、稻-淡水小龙虾-鳜鱼、稻-蟹-鳜鱼、稻-鳖-鱼、稻-鱼-螺、稻-蟹-青虾、稻-虾-草-鹅、稻-蟹-鳜鱼-青虾、"一稻两虾（克氏原螯虾）""一稻三虾（克氏原螯虾）"等。

稻田生态复合种养具有提高稻田生态系统资源利用率、稳定和提升稻农种粮积极性、减少肥药施用、降低生产成本、提高产品品质等优点，可以显著提高经济效益、社会效益和生态效益。稻田生态复合种养能从源头上减少氮磷输入，提高稻田系统的养分利用率[16]，是激发千万稻农创造创新创业动力与活力、提高稻田生产力和综合效益的有效途径，也是发展有机绿色水稻和水产畜禽生产的重要举措，对于保障国家粮食安全和促进乡村产业振兴等均具有重要意义。

（编写者：陈友明、高辉）

73. 稻田生态复合种养模式的技术要点有哪些？

稻田生态复合种养模式包括：①同季型，如稻-鸭-鱼、稻-鸡-斑点叉尾鲴、稻-鳖-鱼、稻-鱼-螺、稻-蟹-青虾等；②周年型，如稻-虾-草-鹅、"一稻两虾（克氏原螯虾）""一稻三虾（克氏原螯虾）"等。无论哪一种类型、哪一种模式，均应考虑如下技术要点：

（1）稻田选择与田间工程　稻田应尽可能连片成方，保水保肥能力较强，地势平整，排灌方便，水质优良。稻-畜禽生态复合种养模式应远离居民区。根据特定的稻田生态复合种养模式，开挖Ⅰ、L等形状边沟，加高加固外埂，修挖内埂与田中垄沟，高灌低排，做好防天敌、防逃设施等。

（2）水稻种植　一般选择丰产性好、抗病抗倒、米质优的水稻品种。推荐水稻机插栽培，总施肥量较常规栽培减少30%左右。稻田生态复合共生种养模式需长时间建立水层。一般以物理防控、生物防控为主，化学防控（生物农药等）为辅控制水稻病虫草害发生。

（3）水产和畜禽养殖　以政策为引导，以市场为主导，以标准为引领，明确适应当地自然资源禀赋与社会经济条件的稻田生态复合种养具体模式，合理确定放养规格、密度、时间与注意事项。一般应考虑水体消毒、水草种植、水质调控、精量投喂、疾病防控、日常管理和收获捕捞等事宜。

（编写者：窦志）

四、生产篇

74. 哪些地区适宜发展稻田生态种养模式？

稻田生态种养适应性广、普适性好，在高标准粮田、冬/夏闲田、低洼田、围垦田、复垦田、撂荒田、梯田等处均可发展。整体而言，适宜发展稻田生态种养模式的地区应满足"四好"基本条件：

（1）生态环境好　要求稻田生态种养基地温光充足，空气洁净，环境安静，周边无污染源，电力设施、通信与交通条件等配套。土壤结构良好，营养元素齐全协调，有毒物质含量不超标，保水保肥能力较强。

（2）水源量、质好　无论是"地无良薄，水清则稻美"，还是"水浅者大鱼不游"，均强调水的质量和数量。为此，稻田生态种养基地应有独立水源，灌排自成体系，不因旱涝而出现无水可灌或无处可排。水质优良，溶氧量较高，酸碱度中性或偏碱性。

（3）技术条件好　很大比例的稻田生态种养者由种粮大户、家庭农场主、专业合作社成员转化而来，正由"种稻能人"向"种养高手"转变。在"稳粮增收"根本前提下，水稻品种选得对、种得好、产得优是稻田生态种养高质量可持续发展的关键要素。结合当地资源禀赋条件、环境保护要求与市场需求等，选对种养模式，开展科学种养，持续积累经验，提升种养水平。

（4）产业基础好　政策导向鲜明。稻种和苗种（雏）资源丰富，就近就便。劳力充足，热心种养。旅游资源和文化底蕴较为丰厚。市场培育、农产品电商（图 7）、多产融合等已有较好的发展基础。

图7　中国龙虾产业电商线下展销中心

（编写者：邢志鹏）

75. 稻田生态种养水质监测技术有哪些?

　　水质的好坏直接关系到稻田生态种养产品品质的优劣，因而需定期进行水质监测与调节。有条件的稻田生态种养者应对水体水质进行实时监控，掌握水质现状现况，预测水质动态变化趋势，根据监测结果加以科学评估，采取措施调节水质（视频6）。在稻田生态种养实践中，重点监测如下水质指标：

视频6：调节水质

　　（1）水温　为了给水稻、水产和畜禽动物生长发育创造适宜的温度环境，避免温度过高或过低对水稻、水产和畜禽动物生长发育不利的状况，应采用水银温度计、酒精温度计，或水质分析仪和溶氧测定仪（均有水温测定功能），随时掌握稻田边沟和田面水体的温度变化情况。

　　（2）pH　水体pH既影响到多数水产动物的生长活动（如虾类养殖适宜的pH为7.5～8.5），也影响到水中有效营养元素的输入输出，因此常用生石灰等来调节水的酸碱度。测定时，将pH试纸浸入水中2～3分钟后取出，再与酸碱度标准色谱对照，即能知晓水的酸碱度。也可用水质分析仪直接在现场校正并测定水的酸碱度。

　　（3）溶解氧　多数水产动物对水体溶解氧含量有要求，过低的溶解氧会导致水产动物死亡。常使用水质分析仪、溶氧测定仪的专用探头，放置于水中，将转换开关拨到测氧档，经1～2分钟，仪表盘上稳定后的显示数值即为所测水体的溶解氧数值。

　　（4）水体透明度　即指阳光透入水中的程度。透明度与水色直接

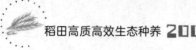

相关。水色标志着水的肥瘦程度和浮游生物的多少。用薄铁皮剪成直径为 20 厘米的圆盘，将此圆盘漆成黑白相间颜色，在圆盘中心穿孔处系上 1 根已划上长度记号的细绳。将黑白盘浸入水中，至刚好看不见圆盘平面时为止，此时细绳在水面处的长度标记值即为水体透明度。透明度大于 35 厘米，说明水太瘦，要追肥，可多投饲料；透明度小于 25 厘米，说明水太肥，应少投饲料，并加注新水。

（编写者：黄鸿兵）

76. 怎样避免稻田生态种养水质污染或富营养化？

在稻田生态种养实践中，常会因秸秆还田、饲料投放、水产动物排泄等造成水体水质污染或富营养化，致使水体溶解氧减少，影响水产动物生长发育。规避稻田生态种养水质污染或富营养化的方法主要有：

（1）减肥降污　因秸秆还田、饲料投放、水产动物排泄、沼液沼渣等均给稻田持续输送营养物质，故水稻种植中肥料施用总量较常规栽培应减少 30％以上。有机肥料需腐熟后施用。施肥时间以晴天上午 8—10 时为宜，闷热、阴雨天不施肥。

（2）换水提质　养殖用水要求"春浅、夏满、秋勤、冬深"。夏秋季勤加注新水，一般在 6—9 月，每 7～10 天加注新水 1 次。早春和晚秋每 10～15 天加新水 1 次，每次加水 20～30 厘米。当水体水质明显变劣时，需大量注水或换水。

（3）多措增氧　扩大单块稻田面积，水体大，受风面增大，可增加水体溶氧。清除沟底过多淤泥，保持沟底淤泥厚度 15 厘米左右。用 0.7 毫克/升硫酸铜杀灭过多的蓝藻和浮游植物。配备水车式增氧机或叶轮式增氧机，每 7～14 天于天气晴朗和有风时机搅动 1 次，促进水体对流，或施用过氧化氢、过氧化钙或过氧化镁等化学增氧剂，提高水体溶氧量，减少沟底还原性物质，调优水质。

（4）生态净水　在稻田边沟内种植伊乐藻、苦草、水花生、水葫芦、轮叶黑藻和金鱼藻等水草，覆盖面为边沟的 30％～40％，以此净化水质，遮阴降温。也可选择施用光合细菌、硝化细菌、水产专用菌种等微生态制剂，稳定和维持稻田水体微生态系统。

（编写者：黄鸿兵）

77. 国内外有净化稻田生态种养水质的成熟产品吗？

国内外稻田生态种养产业界公认的调节和净化水质的成熟产品包括两大类，具体如下：

（1）物理型调水产品

①聚合氯化铝。聚合氯化铝遇水发生化学变化，生成带有正电荷的氢氧化铝胶体，进而与带负电的泥沙胶粒彼此中和。失去电荷的胶粒很快聚结，通过絮凝作用，粒子越结越大，最终沉入水底，达到澄清水质的目的。聚合氯化铝用量一般为1千克/亩。

②腐殖酸钠。属天然高分子有机化合物，主要成分是黑腐殖酸，具有复杂的结构和多种功能团，反应活性很高，吸附性能和离子交换、络合螯合能力强，吸附水体悬浮有机质和重金属离子高效，可有效净化水质，提高水体透明度。腐殖酸钠用量一般为每米水深1～2千克/亩。

③生石灰。常使用遍洒生石灰浆方法，可中和边沟酸性底泥，改良水体水质。因水体pH升高，利于分解有机质的细菌繁殖，从而促进营养物质再生循环，增强水体肥力。生石灰较高的碱度和硬度可增加水体缓冲容量，抑制水体pH强烈变化，提高光合作用对CO_2的利用率，并可促进水体中腐殖质聚沉，增加水体透明度。且增加了水体中钙含量，有助于甲壳类生物生长繁殖。

（2）微生物型调水产品

①光合细菌。光合细菌是一类以光作为能源，能在厌氧光照或好氧黑暗条件下，利用自然界中的有机物、硫化物、氨等作为供氢体兼碳源进行光合作用的微生物。光合细菌不仅能分解养殖水体中的小分子有机物，还能降低水体中硫化物、氨氮浓度，从而达到净化改良水质的目的。光合细菌一般用量为每亩或每米水体使用1～2升光合细菌菌液，兑水之后泼洒。当水体中有机物质较多时，能分解小分子有机物的光合细菌与能分解大分子有机物的芽孢杆菌宜配合使用，可增强调节和净化水质效果。

②芽孢杆菌。包括枯草芽孢杆菌、蜡状芽孢杆菌、地衣芽孢杆菌、纳豆芽孢杆菌等在内的芽孢杆菌的代谢类型为化能异养菌，以好

氧菌居多，主要用于养殖水体中大分子有机物的分解，以改善水体环境和维持良好水色。芽孢杆菌一般用量为每米水深 100～600 克/亩。因多数芽孢杆菌属好氧菌，故宜在晴天上午使用，以避免芽孢杆菌大量耗氧，造成水生动物缺氧。使用时应开动增氧机，以促进芽孢杆菌在水体中加快增殖。

③硝化细菌。硝化细菌大部分为化能自养好氧菌，分为硝化细菌和亚硝化细菌。其是利用氨或亚硝酸盐作为主要生存能源，利用 CO_2 作为主要碳源的一类细菌。通过硝化反应，将低价态氨氮、亚硝酸盐氮转化为硝态氮，降低水中氨氮和亚硝酸盐浓度，进而调节净化水质。硝化细菌一般用量为每米水深 100～500 克/亩。因其生长繁殖速度较慢，故需提前使用，方能达到效果。

④EM 菌。EM 菌由以光合细菌、乳酸菌、酵母菌和放线菌为主的 10 个属 80 余种微生物复合组成，能快速降解、吸收和转化水体中的氮、磷和有机污染物，形成优势种群后能有效抑制有害微生物和藻类的生长繁殖。其主要用于养殖水体水质的调节净化和水色的优化改善。EM 菌一般用量为每米水深 1～2 升/亩。

（编写者：黄鸿兵）

78. 稻田生态种养会对耕作层土壤造成影响吗？

与传统稻田相比，多数稻田生态种养模式需要在稻田周围开挖沟坑，会对小部分稻田耕作层土壤造成损害。《农业农村部办公厅关于规范稻渔综合种养产业发展的通知》（农办渔〔2019〕24 号）文件要求，稻渔综合种养沟坑占比不超过总种养面积的 10%。显然，在种养面积大、沟坑占比小（尽量不开挖 U 形、环形边沟）的条件下，稻田生态种养对小部分稻田耕作层土壤造成的损害可用沟坑新边行产生的边际效应加以一定弥补。

在稻田生态种养系统中，因水稻和水产动物较长时间共生共存以及冬季前后繁育水产（如克氏原螯虾）苗种等的需要，使得稻田淹灌成为常态，表土淤烂，泥脚变深，土壤理化特征和养分状态随之改变。实践表明，不同农田尺度生态种养稻田的主要土壤养分多数有所增加，水稻种植中的肥药施用量明显减少，优质丰产节肥节药效果显著，但也可能导致土壤还原性物质积累，潜育化程度加重。因此，稻田生态种养对耕作层土壤利弊皆存，但总体而言为利大于弊。

（编写者：窦志）

79. 稻田生态种养中如何保护利用耕作层土壤？

针对稻田生态种养对耕作层土壤造成影响的问题，可采取以下措施对耕作层土壤加以保护利用。

（1）繁养分离　稻季只在稻田进行水稻种植和水产或畜禽养殖，水稻收获后到翌年水稻种植前种植旱地作物等，冬季前后压缩或不占用稻田进行水产繁苗，以此减少稻田淹灌、增加土壤透水透气时间，避免土壤次生潜育化。水产繁苗可异地进行或按 7（生态种养田）：1（繁苗田）比例设定。

（2）精确灌溉　根据稻田生态种养互利共生原理，在保障水产正常生长与按期上市的前提下，减少稻田深水半深水持续灌溉时间。例如，稻鱼模式下选用生长速度较快的鱼种，在水稻分蘖盛期至灌浆早期进行半深水精确灌溉，既能实现稻田养鱼，也能确保水稻绿色优质丰产抗倒。

（3）减施肥药　稻田生态种养下，因为饲料投入、动物排泄、秸秆和水草还田等因素，土壤肥力和水体养分显著增加，为此可减少化肥施用总量，且可采用一次性缓混施肥技术减少施肥次数。同时，水产和畜禽动物进入稻田活动，取食水稻害虫、浮游生物等，可收到净水治虫抗病等综合作用，因而化学农药施用大为减少甚至不用，由此可保持土壤活性与清洁度，有助于实现"藏粮于土"目标。

（编写者：窦志）

80. 稻田生态种养对大气质量有何要求？

稻田生态种养基地及其周边环境首先应达到《中华人民共和国环境保护法》（中华人民共和国第十二届全国人民代表大会常务委员会第八次会议于 2014 年 4 月 24 日修订通过，自 2015 年 1 月 1 日起施行）、《中华人民共和国大气污染防治法》（中华人民共和国第十二届全国人民代表大会常务委员会第十六次会议第二次修订，自 2016 年

1月1日起施行；中华人民共和国第十三届全国人民代表大会常务委员会第六次会议第二次修正，自公布之日起施行）相关要求。

稻田生态种养实践中，需切实转变生产方式，发展循环经济，加大对废弃物综合处理；改进施肥方式，科学合理施用化肥并按照国家有关规定使用农药，减少氨、挥发性有机物等大气污染物的排放；及时对污水、畜禽粪便和尸体等进行收集、贮存、清运和无害化处理，防止排放恶臭气体；采用先进适用技术，对秸秆、落叶等进行肥料化、饲料化、能源化等综合利用。

GB 3095—2012《环境空气质量标准》规定了环境空气功能区分类、标准分级、污染物项目、平均时间及浓度限值、监测方法、数据统计的有效性规定及实施与监督等内容。稻田生态种养基地属环境空气功能区二类区，适用二级浓度限值，环境空气中的二氧化硫、二氧化氮、一氧化碳、臭氧、颗粒物、总悬浮颗粒物、氮氧化物、铅、苯并芘等污染物项目需达到该标准浓度限值要求，镉、汞、砷、六价铬、氟化物等污染物项目应达到该标准参考浓度限值要求。

（编写者：窦志）

81. 稻田生态种养基础设施工程建设的要求有哪些？

稻田生态种养基础设施工程建设的总目标是"两田（稻田、秧田）两埂（外埂、内埂）＋五通（路通、沟通、渠通、电通、水通）＋N配套（农机具、增氧、投饲、监测、捕捞等）"。主要包括土地平整、田埂边沟、进排水、防逃防范及其他配套工程等。

（1）土地平整 确保稻田田面相对平整，高度差控制在3～5厘米，有助于实现灌溉进排同步和插秧、晒田等措施的顺利实施。有条件的可采用激光平整机加以精细平整。

（2）田埂边沟 距离稻田外埂内侧1～2米处开挖I、L、U等形状边沟（图8），一般沟宽2～4米，沟深0.8～1.5米，坡比1.0:(1.0～1.5)，边沟面积不超过稻田总面积的10%。利用开挖边沟的泥土加宽、加高外埂，逐层打紧夯实，要求堤埂不裂、不垮、不渗漏。在靠近边沟的田面修筑内埂，将田面和边沟隔开。在交通便利的一侧留宽4米左右的机械作业通道。

图 8　稻-淡水小龙虾边沟工程

（3）进排水

①采用上进下排、进排分离的空间布局。各田块独立进水、独立排水，避免田块间病虫草害相互干扰。

②进水水系高于田面，可采用 U 形渠、生态沟渠、直径 300 毫米以上的进水管等材质。田块进水管从进水水系中引入。一般采用直径 200～300 毫米的 PVC 管，进水管末端套有过滤网袋，防止鱼卵、野杂鱼进入田块，损害或影响水产生长。

③排水水系常采用拔管式排水，也可预留排水涵闸。拔管式排水装置一般由竖向排水管、90°弯头管、横向排水管等组成。排水口处于整个田块最低点。

（4）防逃防范　通过在田块四周布设具有一定埋深的防逃网或防逃墙，防止水产和畜禽逃离。稻田生态种养基地四周建设高度 1.8～2.5 米的不锈钢栅栏，留有种养区大门作为种养人员与生产物资和农机具进出口通道，防止无关人员进入而导致溺水、触电等安全事故发生。

（5）配套工程　应根据自身条件与田块数量，配备相应的旋耕机、插秧机、联合收割机、无人植保机、旋转抛洒式施肥机（图 9）或专业投饲机、增氧机或微孔增氧管路（图 10）、水产打药机、便携式水质分析仪或小型水质监测站［常规监测指标包括温度、溶解氧、pH、生化需氧量（BOD）、化学需氧量（COD）、氨态氮、高锰酸盐指数等］、微生物制剂发酵箱（图 11）、渔船（图 12）或 2.0 米×3.0 米×0.3 米泡沫板等。每个田块确保通电，做好防水漏电安全保护。

图9 施肥机

图10 微孔增氧管路

图11 微生物制剂发酵箱

图12 渔船配套

（编写者：黄鸿兵）

82. 稻田生态种养中为何要清塘?

清塘的目的是为了清除稻田生态种养系统中的野杂鱼、敌害生物和杂草等，加速底泥土壤中有机物和有毒有害物质转化，消灭病原微生物，保证水产苗种投放后较高的成活率和较好的生长发育环境。第一，常年不清塘的塘口野杂鱼较多，有些会威胁到水产动物的生存。当投喂饲料养殖时，野杂鱼与水产动物争夺食物，导致饲料浪费。而清塘后投喂的饲料可更多地被水产动物摄食，提高饲料利用率，促进水产动物快速生长，降低饲料养殖成本。第二，常年不清塘的塘口易造成有毒有害物质超标和有害细菌大量滋生，引起水产动物多种疾病，导致其摄食量减少，甚至不吃食或死亡等。第三，常年不清塘的塘口会存在淤泥淤积、底泥中有机物过多，容易造成养殖环境长期处于缺氧或亚缺氧状态，导致水产动物生长缓慢。第四，清塘还可实现水产动物的定量放养和精准投喂，实时掌握和判断稻田生态种养系统中水产动物的养殖密度和生长情况。鉴于此，稻田生态种养时宜适时清塘，至少每年 1 次。

（编写者：陈友明）

83. 稻田生态种养中清塘的方法有哪些？

稻田生态种养中清塘的方法主要有整塘晒塘、生石灰清塘、药物清塘、茶粕清塘等。

（1）整塘晒塘 一般在冬季进行，排干边沟中的水，清除其中过多的淤泥，冻晒时间控制在 20 天以上，加速土体有机物转化，消灭病虫害。并修补稻田外埂和内埂。

（2）生石灰清塘 生石灰具有强碱性，可快速提高养殖水体碱性，杀灭底泥中的野杂鱼、病原体、中间寄主和其他水生动植物、微生物等，并起到改良土壤、调节水质和施肥作用。可干池清塘，即先将边沟水放干，每亩用生石灰 50～75 千克，在塘底挖若干小坑，将生石灰倒入加水，后在整个边沟均匀泼洒；也可带水清塘，平均每米水深用生石灰 120～150 千克/亩，兑水泼洒。

（3）药物清塘 采用漂白粉等含氯制剂，杀灭各种病原微生物。用量为 15～20 千克/亩，不可与生石灰同时使用。由于氯的残留时间较久，清塘后需多晒一段时间，后期进水应解毒。

（4）茶粕清塘 茶粕又称茶籽饼，富含溶血性毒素——茶皂素，能杀死野杂鱼、泥鳅、黄鳝、螺蛳、河蚌、蚂蟥和部分水生昆虫，而对虾蟹类无害。清塘进水后，茶粕富含粗蛋白和多种氨基酸，促使浮游生物大量繁殖，为水产动物提供了基础饵料生物。使用前一天将茶粕捣碎，带水浸泡，隔日取出，连渣带水泼洒，用量为每米水深用 40～50 千克/亩。由于茶皂素易溶于碱性水体，因而使用时每 50 千克茶粕添加约 1.5 千克生石灰或食盐则效果更佳。待 7～10 天茶粕药效消失后，再将鱼虾苗投放于边沟内。

（编写者：陈友明）

84. 稻田生态种养中应如何选择水草？

稻田生态种养中的水草选择主要根据水稻种植茬口和水产养殖对象确定。在长江中下游地区水稻的种植时间一般是每年 6—10 月，因而稻田生态养殖虾蟹的水草一般在11月至翌年5月前后种植。适宜种植的水草主要有伊乐藻、轮叶黑藻、苦草、菹草等，此外可在稻田边沟内搭配种植水花生、空心菜等。

稻田生态养殖虾蟹模式的水草移栽以伊乐藻、轮叶黑藻和苦草为主，水花生为辅。水草种植覆盖面积不超过田面的50%，宜采用南北走向，以便塘口通风，利于提高水体溶氧量与虾蟹产量和品质。若水草太密，则易造成水体夜间缺氧、投喂困难，淡水小龙虾等难以捕获。若水草太少，则既起不到净化水质作用，也不能为虾蟹提供足够的栖息场所。稻田生态种养中边沟较深，需长期保持较高水位，宜选择水花生、小米草等浮生水草，不宜大量种植伊乐藻等底生水草。

（编写者：陈友明）

85. 稻田生态种养中种植水草的作用是什么？

"虾多少，蟹大小，关键之一看水草"。水草是许多水生动物的栖身地和庇护所，也是许多水生动物的食料来源。水草通过光合作用生产氧气，增加水体溶氧，净化水质，也可吸收吸附水生动物等新陈代谢产生的大量营养物质与悬浮有机物质，改善水质和底质，还可为虾蟹等生长发育提供

视频7：龙虾栖息

栖息、蜕壳、躲避敌害的隐蔽场所（视频7）。在高温时节，水草起到遮阳降温作用，有效避免水温上升过快，引起虾蟹类水生动物产生应激反应，还可作为虾蟹类水生动物的优质植物性饲料与生长发育所需的维生素及微量元素来源，作为配合饲料的有效有益补充。

水草与水生动物、水体和稻田土壤等共同建构了一个高效循环生态系统，水生动物排泄物及残饵中的可溶部分被水草吸收，避免了水质恶化，而且不可溶部分又会变成稻田土壤中的有机物质，起到优化改良土壤与固定水草根系等作用。

（编写者：陈友明）

86. 稻田生态种养中水草种植的技术要点有哪些？

水草种植技术要点主要包括移栽前准备、品种选择与移栽时间、

日常养护。

(1) 移栽前准备　每亩施用 200～300 千克腐熟的农家肥或100～200 千克生物肥，作为基肥。在虾蟹类动物养殖中，农家肥一般不作为肥水使用，仅作底肥，主要原因是农家肥高温时养分释放快，造成水质变劣，滋生青苔，致使养殖环境生态失衡。

(2) 品种选择与移栽时间

①伊乐藻。11 月至翌年 4 月前均可种植伊乐藻。时间上越早种植，行距、株距越大。淡水小龙虾养殖塘口一般年前种植，及早上水，促使淡水小龙虾早出洞、早觅食，有助于淡水小龙虾提早上市、错峰销售。年前在稻田田面上种植时，每隔约 2 米移栽 1 团伊乐藻，行距约 3 米；在边沟下方斜坡上每隔约 8 米移栽 1 团伊乐藻，两边斜坡各种植 1 行。

②空心菜。4 月初在田埂上种植空心菜，每隔 5 米种 1 棵，定期施用尿素促进空心菜快速生长，使其植株延展至水面，作为浮水植物，于高温时节为虾沟遮阴降温。

③水花生。5 月中下旬至 6 月割除伊乐藻，在虾沟中补栽水花生，每隔 15 米，移栽 1 盘直径 2 米的水花生，用竹竿和绳子固定，防止随风漂浮聚集。

④其他水草。轮叶黑藻、苦草一般在年后 3—5 月种植，基本以干撒草籽为主，草籽 1 亩控制在 2.5～3.0 千克为宜，其中轮叶黑藻也可植茎，方法同伊乐藻。

(3) 日常养护　伊乐藻浅水移栽，后缓慢加水，始终保持草头淹没于水下。使用氨基酸肥水膏或饼肥＋益草素，促进水草生长。待其活棵发芽后，定期泼洒壮根肥、益草素等。若 4—5 月水草疯长，则掐尖疏密 2～3 次，保持草头在水面下 20 厘米左右，5 月泼洒 1～2 次控草肥。若发现水草叶片脏而卷曲，茎秆发黄，新根少等时，需及时解毒、改底调水，泼洒益草素和过磷酸钙等。

（编写者：陈友明）

87. 稻田生态种养模式中的连作和共生有何区别？

连作和共作最显著的区别在于水稻种植后是否在稻田进行水产动

物等养殖。连作模式下，生产者仅利用水稻收割后和种植前的时间在稻田进行水产动物等繁养，水稻种植后不在稻田或仅在边沟进行水产动物等繁养。共作模式下，生产者在水稻生长发育期间主动引导水产动物等进入稻田栖息觅食，形成稻渔（禽）等共生。连作和共作模式下的水稻种植管理方法有所不同，具体如下：

（1）种植方式　连作模式下水稻可钵苗或毯苗机插、手栽、抛秧或直播种植。共作模式下，为了便于水产动物等早进田、好进田，与水稻早共生，一般宜采用具有适宜株行距的钵苗或毯苗机插、手栽方式种植水稻，钵苗机插最佳，而不采用抛秧、直播方式种植水稻。

（2）水浆管理　连作模式下，水稻种植期间一般采取肥水耦合的"薄、露、浅、搁、湿"灌溉方式，具体为"薄水机插、分蘖早期露田通气、活棵分蘖期浅水促蘖、够苗到拔节期分次轻搁田、拔节后干湿交替"。活棵分蘖期浅水可促进水稻分蘖早生快发；够苗到拔节期排水搁田，控制无效分蘖，提高土壤氧化还原电位，促进根系下扎；拔节后干湿交替，既需保障幼穗安全分化，也可促进营养器官同化物向籽粒转运，充分协调水稻各产量因素形成，进而实现水稻优质丰产目标。共作模式下一般采取深水半深水模式，即便是需水量相对较少的稻-鸭共作，也需在稻鸭共作阶段保持至少 10 厘米水层，而稻-鱼、稻-虾等在共作阶段需保持 20～40 厘米不等的水层，为水产动物提供适宜的稻田栖息活动环境。

（3）绿色防控　连作模式下，水稻病虫草害控制可综合采用生物、物理防治措施或许可使用的农药。共作模式下，为了确保水产动物等生存的安全以及充分发挥水产动物等灭草除虫控病等效用，因此水稻生产中基本不使用化学农药，主要采用生物、物理防治病虫草害措施，兼用生物农药。

（编写者：窦志）

88. 稻田生态种养模式中水稻品种选择的依据是什么？

一般根据稻田生态种养模式下水稻品种的生态适应性与生产力筛选结果确定，主要考虑以下因素：

（1）生态适应性好　水稻品种应能适应当地温光资源条件，可适期播种、适时抽穗、安全成熟。

（2）优质丰产多抗　稻田生态种养需以稳粮增收为目标，应选择产量潜力高、品质优、具备较好的病虫害抗性、具有市场发展前景的水稻品种。

（3）耐肥性强　大多数稻田生态种养模式均会在稻田投入饲料供水产动物等食用，长此以往使得稻田土壤肥力较高，因而优先选择耐肥性强的水稻品种。

（4）抗倒性强　稻-虾、稻-鱼等共生模式深水半深水灌溉（20~40厘米）的时间一般可达40天以上。这使得水稻茎秆基部节间伸长、植株重心升高，且基部节间机械强度下降，导致水稻抗倒伏能力明显下降，因而稻-虾、稻-鱼等共生模式务必使用茎秆粗壮、特别抗倒的水稻品种。

（5）生育期偏短　对于未采取水产动物繁养分离、需要利用稻田繁养苗种的模式而言，应选择生育期较短的水稻品种，可使水稻收获较早，提早让田，有助于水产动物早繁苗，翌年早上市。

（编写者：窦志）

89. 稻田生态种养模式中水稻高质高效生产全程机械化的策略是什么？

稻田生态种养水稻高质高效生产全程机械化的策略是因地制宜、择优选配、购租结合、量力而行。

（1）育秧环节　主要涉及专用播种流水线、微喷灌系统、秧盘流水线传送带输送机、施肥机和用于化控、植保作业的植保机等。

（2）耕整环节　稻田耕整是实现水稻高产目标的关键措施。通过机械高质量整地，使田面平整，耕深15厘米以上，地表高差小，为水稻机插或机直播创造适宜的作业条件。主要涉及旋耕机、激光平整机、耙田机、水田平整机等耕整机械。

（3）播栽环节　稻田生态种养一般长期淹水，泥脚深、机械行走阻力大，需选择功率大、行走轮直径大的插秧机或直播机，以此适应生态种养稻田难走易陷的特殊作业环境要求。主要涉及适宜深泥脚作业的双人乘坐式水稻钵苗高速移栽机或无人直播机等。

（4）施肥环节　主要涉及大容量撒肥机、抛肥机、背负式多功能电动施肥器、无人施肥机等。

（5）植保环节　主要涉及高地隙自走式喷杆喷雾机、背负式打药机与具有自主航线规划、自主避障、最大载重 30 千克以上等特性的无人植保机等。

（6）收获环节　主要涉及谷物联合收割机等。

（编写者：窦志）

90. 稻田生态种养模式中水稻机插方式有哪些？

稻田生态种养水稻机插方式主要分毯苗机插和钵苗机插两种。无论哪种机插方式，机插稻在规范化育秧、栽插合格率与群体起点质量高条件下，结合大田精确定量管理，均能稳定优质丰产。当前稻田生态种养下水稻主要机插方式为毯苗机插。

与毯苗机插相比，钵苗机插更利于精确培育长龄带蘖钵体壮秧；无植伤地精确机插，实现合理基本苗，利用优势分蘖争取高产适宜穗数；培育适宜数量的壮秆大穗，构建高光效群体，提高水稻生长后期物质生产力；群体通风透光，抗倒、抗病、抗灾、耐后期冷害等能力强；熟相更优，稻米加工、外观等品质更优。

扬州大学、常州亚美柯机械设备有限公司、江苏省农垦农业发展股份有限公司黄海分公司等针对虾田稻泥脚深、机插难和水稻产量不高、生产风险大等突出问题，合作研发了"适应虾田稻生产的新型钵苗机插栽培技术"，研发了适于虾田稻生产的 2ZB-6AKD（RXA-60TKD）加强型宽窄行（宽/窄行距为 33/23 厘米，平均行距 28 厘米）水稻钵苗插秧机及其包括播种流水线、钵体秧盘、侧位深度施肥装置等在内的成套装备，栽插株距调节范围在 11.6～25.2 厘米，基本苗密度调节范围为 0.94 万～2.05 万穴/亩，稻田泥脚深度在 45 厘米以内均可正常移栽作业，可实现长秧龄大苗高效精准机插，有利于栽后快速提高水层，以水压草，并早促淡水小龙虾等进入稻田，取得了稻田生态种养水稻机插的新突破。

（编写者：窦志）

91. 适于稻田生态种养模式的水稻插秧机有哪些？

稻田生态种养中适用的插秧机包括乘坐式和手扶式毯齿插秧机、双人乘坐式水稻钵苗高速插秧机、无人插秧机等。若稻田周年轮作，未长期淹水，泥脚浅，土壤不黏烂，上述插秧机则均可使用。若稻田长期淹水、泥脚深，土壤较为黏烂或很黏烂，乘坐式毯苗插秧机、无人插秧机等在此条件下作业效率低，甚至易陷入土体中。手扶式毯苗插秧机自重较轻，可用于稻田生态种养黏烂地块的插秧，但作业效率一般。

2ZB-6AKD（RXA-60TKD）加强型宽窄行水稻钵苗插秧机后轮直径95厘米，发动机16马力，能克服深泥脚易陷、阻力大的特殊作业环境，每天作业量为40~50亩，作业效率高于其他插秧机，且可宽窄行栽插长秧龄大苗，株距可调，在虾田稻生产上具有独特的优势（图13）。

图13 适应虾田稻生产的钵苗机插新技术现场观摩

（编写者：窦志）

92. 稻田生态种养模式中水稻钵苗机插技术的优势有哪些？

钵苗机插技术是采用双人乘坐式水稻钵苗高速插秧机，将钵苗精确定量栽插于大田的水稻绿色优质丰产栽培新技术。使用该技术，既可培育5.5~6.5叶的钵体大苗壮秧，也可将钵苗几乎无植伤地进行机械化高速高效移栽，且行距宽窄行配置、株距可调、密度可控，利于充分挖掘水稻的高产稳产潜力，提升水稻生产质效。

稻田生态种养水稻钵苗机插技术既发挥了抛秧秧龄大、苗质好的优势，也发挥了机械移栽更加精准的作用，可适应的秧苗秧龄弹性较大。植伤轻，无缓苗，栽后活棵发苗快，利于动态优化群体结构，提高群体质量与生产力，有效解决了传统毯苗机插与直播等轻简栽培条件下生育不充分、品质不优、产量不丰等突出问题，扩大了稻田生态种养适用的长生育期水稻品种种植范围，破解了稻田生态种养水稻难以机插、水稻群体质量不优、产量不高的技术难题。长秧龄大苗栽后，稻田可提早上水控草，可减少或免施除草剂，早促淡水小龙虾等进入稻田，形成稻-虾等共生。钵苗宽窄行栽插，群体通风透光，水稻病害减轻，且个体健壮，后期抗倒性较好，减少了深水半深水灌溉下水稻倒伏风险。实践表明，钵苗机插水稻穗型更大，结实率更高，产量更高，且垩白、整精米率等品质表现较好。

（编写者：窦志）

93. 稻田生态种养模式中水稻钵苗机插栽培关键技术有哪些？

根据机插稻高产优质形成规律，稻田生态种养水稻钵苗机插栽培关键技术主要包括：

（1）"三控"育秧　通过"精准控种"（扩大秧苗营养面积和生长均匀度）"旱育控水"（控制秧苗高度，提高充实度）"依龄化控"（提高秧苗素质，增加秧龄弹性），实现秧苗增龄提质，育成 5.5～6.5 叶钵体带蘖壮秧，比毯苗秧龄延长 10 天以上，省种 40% 以上。

（2）精准密度　足够适量的穗数是水稻高产的基础。根据特定的稻田生态种养模式所采用的品种类型，确定合理的栽插基本苗数以及对应的栽插规格。宽窄行水稻钵苗插秧机宽/窄行为 33/23 厘米，平均行距为 28 厘米，栽插株距因具体品种而定，大穗型品种株距一般为 15～17 厘米、中穗型品种株距一般为 13～14 厘米、小穗型品种株距一般为 12～13 厘米。

（3）精量施肥　稻田生态种养下土壤肥力较高，水稻全生育期施肥总量较常规栽培可降低 25% 以上，具体用量应根据种养年数和品种需肥特性而定，氮肥施用比例一般基蘖肥：穗肥＝7：3，基肥于水稻移栽前 1～2 天施用，分蘖肥于水稻返青后施用，穗肥与水稻拔节后 5～7 天施用。在稻田有机种养模式下，可通过施用有机肥取代化肥，一般于冬季亩施有机肥 300～500 千克。

（4）精确灌溉　稻田生态种养连作模式下，水分管理应采取薄水栽插，浅水活棵，够苗到拔节期多次轻搁田，拔节孕穗期浅湿灌溉，灌浆结实期干湿交替。稻田生态种养共作半深水模式下，应做到薄水栽插，浅水促分蘖，在分蘖中期以后，根据水产动物的生育特征和需水特性，逐渐提高稻田水位至合适高度，促使水稻和水产动物在稻田共生。

（编写者：窦志）

94. 稻田生态种养模式中水稻施肥有哪些要求？

稻田生态种养水稻施肥的要求主要有：

（1）施肥减量　常年进行生态种养的稻田因水草和秸秆还田、饲料投入、动物排泄等多元化因素，使得土壤中有机物质增多、肥力增加。在水稻生长发育期间，生态种养稻田土壤养分基础供给较为充足，因而水稻总施肥量较常规栽培可明显控减。

（2）次数减少　对于需肥量较少的水稻品种尤其是籼稻品种而言，在穗肥施用上可根据水稻长势施用适量的促花肥，一般不施保花肥。同时，可根据品种需肥特性应用缓混肥产品实现稻田综合种养一次施肥。

（3）省工节本　由于稻田生态种养用工成本日益高企，为此须大幅度提高单位时间施肥效率，显著降低用工、时间、管理等成本，优先选择背负式多功能电动施肥器、无人施肥机等施肥新方式。

（4）一肥多效　出于"藏粮于土""稻渔共生"等的考虑，在稻田生态种养上，推荐使用高质量有机肥，应减少使用化肥。稻-虾连作等模式下，于秋冬季施用有机肥具有肥水功能，由此催生较多的浮游生物，可作为水产动物的饵料。

（编写者：窦志）

95. 稻田生态种养模式中水稻常规灌溉有哪些要求？

稻田生态种养水稻常规灌溉（一般指连作）主要涉及活棵分蘖期、控制无效分蘖期、拔节长穗期和灌浆结实期，各期的要求如下：

（1）活棵分蘖期　由于移栽苗龄有别，因此稻田水层灌溉深度有所差异，大苗移栽水深宜 3～4 厘米，中小苗移栽水深宜 2～3 厘米，尤其注意不能将发生分蘖的腋芽淹没。通过活棵分蘖期浅水灌溉，可促进水稻有效分蘖发生。

（2）控制无效分蘖期　当水稻茎蘖数达到预期穗数的 80% 时即开始晒田。可多次轻晒，促进根系发生，直至土壤表面开裂、白根冒出、不陷脚为止。

（3）拔节长穗期　稻田灌水 2～3 厘米，待田面水落干、土壤水势达到低限值时，再灌水 2～3 厘米。如此周而复始，形成浅水层与湿润灌溉交替的灌溉方式，使土壤理化性状和环境条件得到改善，促进穗分化和籽粒结实，提高水稻抗倒性。

（4）灌浆结实期　此期以间歇灌溉为主，即灌水后，待地表水渗干后再灌 1 次水。排水不良的应及时清沟促进排水，并严防断水过早与持久淹灌，进而影响水稻产量与品质。收获前 7～10 天断水。

（编写者：窦志）

96. 稻田生态种养模式中水稻半深水灌溉有哪些要求？

稻田生态种养水稻半深水灌溉的要求主要有：

（1）选择适宜稻田　由于稻田生态种养水稻半深水灌溉一般为 30 厘米左右，且需长时间保水，因此只有选择水质优良、土壤保水性好且可排可灌的稻田，才能实施半深水乃至深水灌溉。

（2）田间工程配套　稻田内埂要比田面水层加高 10～20 厘米，方能维持稻田半深水乃至深水灌溉。稻田内埂的实际高低因不同的稻田生态种养模式而异。

（3）选准灌溉时期　综合考虑水稻绿色优质丰产与水产动物的需求，选准适宜半深水灌溉的时期。一般而言，水稻分蘖早期苗小质弱，需要浅水层促进分蘖早生快发，兼顾以水控草，不宜灌半深水；水稻灌浆中后期穗部重量逐渐增加，基部茎秆充实度与抗倒力下降，半深水灌溉下易发生倒伏。因此，稻田生态种养水稻半深水灌溉的时期应为分蘖末期至灌浆前期，注意避开分蘖中前期和灌浆中后期。

（编写者：窦志）

97. 稻田生态种养模式中水稻常见病虫害有哪些？

虽然稻-鱼、稻-鸭、稻-鸡等稻田生态种养模式中，由于水产和畜禽动物等的田间觅食活动，致使水稻虫害等的发生有不同程度降低，但还是会存在一些常见的水稻病虫害，具体如下：

（1）常见病害　主要包括水稻恶苗病（亦称徒长病、白秆病）、水稻干尖线虫病（种传病害）、水稻赤枯病（亦称铁锈病，分为缺钾型赤枯、缺磷型赤枯等，图14）、稻瘟病（分为叶瘟、穗颈瘟、枝梗瘟、节瘟，图15）、稻曲病（仅在穗部发生）、纹枯病（由立枯丝核菌侵染引起的一种真菌病害）、胡麻叶斑病（亦称胡麻叶枯病，属真菌病害）、细菌性条斑病（亦称红叶病，主要危害叶片）等。

图14　水稻赤枯病　　　图15　稻-鸭生态种养田稻瘟病危害

（2）常见虫害　主要包括稻纵卷叶螟（亦称白叶虫、苞叶虫，一年发生多代）、二化螟（亦称钻心虫、蛀心虫、蛀秆虫，属鳞翅目，分布较三化螟和大螟广，食性杂）、三化螟（亦称钻心虫，属鳞翅目，专食水稻）、稻飞虱（分为褐飞虱、灰飞虱、白背飞虱，属同翅目）等。

（编写者：窦志）

98. 稻田生态种养模式中水稻常见草害有哪些？

若为连作或短期共作，稻田生态种养水稻的草害与常规栽培差异不大，常见杂草主要有稗属杂草、鸭舌草、千金子、水苋菜、莎草、野慈姑、矮慈姑（瓜皮草）、节节菜、陌上菜、空心莲子草、丁香蓼、合萌（田皂角）等。

若为长期共作（共生），水稻生长发育期间稻田持久保持30厘米左右半深水灌溉，部分旱生杂草对半深水敏感，发生率下降，如马唐、牛筋草、香附子、水苋菜等。但有些杂草受半深水灌溉影响较小，如稗属杂草、千金子、鸭舌草、节节菜、矮慈姑、丁香蓼、合萌等。其中，稗属杂草、千金子、丁香蓼、合萌等稻田杂草个头较高，水稻抽穗后上述杂草仍能生长，造成稻田草害。

（编写者：窦志）

99. 稻田生态种养模式中水稻病虫害绿色防控的策略是什么？

对于稻田生态种养水稻病虫害，应实施绿色导向、预防为主、多措并举、综合防治的防控策略，即通过物理防控、生物防控、生物农药（共生）或高效低毒化学农药（连作）施用等多元化防控技术，既控制水稻病虫害，提高水稻产量，又兼顾水产畜禽动物等的安全，以此提高水稻和水产畜禽动物产品的质量安全水平。

（1）深耕晒垡 每2～3年安排1次冬季深耕作业，将稻田土壤中的害虫虫卵、病菌孢子和杂草种子等深埋，使其发芽力丧失或萌发数剧减，进而有效减轻病虫草害发生程度，减少农药施用量。

（2）因种栽培 因地制宜地筛选应用抗病性强的水稻品种。通过种子包衣、拌种、浸种等方法，防控当地水稻种传病害与相关虫害。实施健康栽培，减施氮肥，平衡施肥，提高水稻抗病虫害能力，尽可能减少后续防治次数。

（3）生态控制 在稻田周边种植香根草、芝麻，按一定间隔安装频振式太阳能灭虫灯，田间设置性诱剂、糖醋液，或放养蜘蛛（图16）等，直接或间接诱杀螟虫或鳞翅目害虫等。稻田生态种养系统中的水产畜禽动物也能灭杀部分水稻害虫，间接控制部分水稻病害。

（4）适期用药 在水稻分蘖末期、拔节早期和破口前后等病虫害预防关键期，选用井冈霉素、苏云金杆菌、枯草芽孢杆菌、短稳杆菌等生物农药，必要时也可适时适量使用高效低毒低残留、对水产畜禽动物无害的化学农药，利用植保无人机等高效植保机械适时施用农药，主动防控水稻病虫害。

图 16　生态种养稻田蜘蛛防控水稻病虫害

（编写者：窦志）

100. 稻田生态种养模式真的可以减少水稻病虫害发生吗？

国内已有的研究表明，在稻-蛙、稻-蟾蜍、稻-鱼、稻-虾、稻-鸭、稻-鸡等多种稻田生态种养模式中，由于青蛙、牛蛙、蟾蜍、多种鱼类、克氏原螯虾、鸭、鸡等深入稻田活动，或直接摄食，或有效清除稻田杂草和水稻衰老叶片等，改善稻株间通风透光条件，促进水稻壮秆形成，进而可以有效减少二化螟、纹枯病、褐飞虱等水稻病虫害发生，利于水稻绿色优质丰产。稻田生态种养条件下的深水半深水灌溉本身也具有一定的灭虫效果。但也有稻田生态种养生产实践表明，由于鸭群在稻田四处走动，致使稻瘟病原菌孢子在水稻群体扩散危害，因而影响水稻产量。

整体而言，无论是连作还是共生的稻田生态种养模式均可减少一部分水稻病虫害的发生。

（编写者：窦志）

101. 稻田生态种养模式中水稻生产有哪些物理生物防治措施？

为了生产出绿色有机稻米和确保水产畜禽等动物生存安全，稻田生态种养水稻生产中的物理生物防治措施主要有：

（1）物理防治措施

①在稻田边安装振频式太阳能灭虫灯，对稻纵卷叶螟和飞虱等均

有很好的控制作用，对其他水稻害虫也有一定的诱杀作用。

②安装防虫网、防鸟网或驱鸟装置，防止虫害或鸟害。

（2）生物防治措施

①释放赤眼蜂，可有效防治二化螟、稻纵卷叶螟等，减少稻田害虫基数。

②在稻田释放蜘蛛，捕杀害虫。

③在稻田设置性诱剂，诱杀害虫。

④使用微生物农药枯草芽孢杆菌防治稻瘟病，使用短稳杆菌防治二化螟。

⑤使用植物源农药苦参碱防治稻飞虱。

⑥使用生物农药井冈霉素防治水稻纹枯病。

⑦在田埂上种植香根草、芝麻等，诱集二化螟、稻纵卷叶螟等成虫在其上产卵，而孵化后的幼虫在香根草、芝麻等植株上难以完成生活史，进而控制虫害。

（编写者：窦志）

102. 哪些农药可用于稻田生态种养水稻病虫害绿色防控？

稻田生态种养水稻病虫害绿色防控中可用的化学农药与生物农药主要包括：

（1）纹枯病　噻呋酰胺、己唑醇·醚菌酯、肟菌·戊唑醇、井冈霉素、己唑醇等。

（2）稻瘟病　苯醚甲环唑·丙环唑、肟菌·戊唑醇、戊唑醇、嘧菌酯等。

（3）稻曲病　戊唑醇、醚菌酯、吡唑醚菌酯等。

（4）细菌性条斑病　噻唑锌、噻菌茂、噻森铜等。

（5）二化螟、三化螟和稻纵卷叶螟　氯虫苯甲酰胺（康宽）、氯虫苯甲酰胺·噻虫嗪、四氯虫酰胺、苏云金杆菌、短稳杆菌等。

（6）稻飞虱　吡蚜酮、噻虫嗪、烯啶虫胺、烯啶·虫胺腈、吡蚜·噻虫胺等。

在上述农药使用时，应选准正规厂家，注意防治适时与用量安全，既保证防效，也需在规定计量内使用，以免对水产畜禽等动物造成明显伤害或导致应激反应。共生条件下不建议使用化学农药。

（编写者：窦志）

103. 稻田生态种养水稻生产中哪些农业投入品禁止或限制使用？

稻田生态种养水稻生产中，包括种子、种苗、肥料、农药、农膜等在内的农业投入品使用须依照《中华人民共和国农业法》《中华人民共和国农产品质量安全法》《中华人民共和国种子法》《植物新品种保护条例》《农业转基因生物安全管理条例》《农药管理条例》等有关法律、行政法规的规定执行。《中华人民共和国农产品质量安全法》（2018年10月26日第十三届全国人民代表大会常务委员会第六次会议修正）第四十六条规定，使用农业投入品违反法律、行政法规和国务院农业行政主管部门的规定的，依照有关法律、行政法规的规定处罚。

稻田生态种养水稻应秉持清洁生产理念，以生产绿色食品稻米为主、有机稻米为辅，为此在生产过程中需严密落实农业生产经营记录制度、农业投入品使用记录制度，严禁使用有害物质超标的肥料与国家明令禁止的高毒农药等农业投入品，严格执行农药安全间隔期。

尤其在稻田共生种养系统水稻病虫害防控中，应推广应用生物防治、物理防治和生物农药防治技术，一般不使用化学农药，以保障稻田土壤水体洁净化水平与水稻、水产等动物质量安全。在生物农药使用中，应将田水缓慢放出，使水产动物等集中于边沟中，后再择时精准施药[17]。

（编写者：徐强、高辉）

104. 购买稻田生态种养水产动物优质苗种有哪些注意事项？

购买稻田生态种养水产动物优质苗种的注意事项主要有：

（1）苗种健壮　优质的水产动物苗种是稻田生态种养成功实践的基石。优质鱼苗和虾苗要求规格整齐，体格健壮，体表完整、干净，摄食能力强；溯水性和活力强，受惊后反应敏捷。优质鳖苗要求规格整齐，体格健壮，体表完整，体形较圆，裙边宽大完好，颈及四肢伸缩自如，活动敏捷。

（2）规格合适　若1年内养成青鱼、草鱼、鲢鱼和鳙鱼的商品鱼，则放养的鱼种体长应在 15 厘米以上。若放养鱼种的规格过小，则当年难以上市，需要暂养，翌年续养，不仅不能变现，而且会大大提升成本。

（3）信誉保证　根据《水产苗种管理办法》《水产原良种场生产管理规范》《水产养殖质量安全管理规定》等，优先选择业内有影响的具有水产苗种生产许可证、检疫合格证明的正规厂家或苗种场。在水产苗种购买中，需买对苗种，买对规格，特别关注苗种质量，明晰购销方式与流程，严格按购销协议执行，并熟悉水产苗种的分类地位、生物学性状、遗传特性、经济性状及开发利用现状等情况。同时，虾苗离水后，若运输距离过大、生存条件不适宜，则会显著影响成活率，容易引起购销纠纷，为此需短距离运输，勿舍近求远。

（编写者：徐强）

105. 稻田生态种养中淡水小龙虾可以工厂化育苗吗？

淡水小龙虾育苗设施、技术、质量是稻田生态种养规模化、标准化、高质高效化发展的关键之一。根据中国水产科学研究院淡水渔业研究中心在江苏省盱眙县开展的产业化实践来看，淡水小龙虾工厂化育苗理论上可行，实践上可推。淡水小龙虾工厂化育苗设施主要包括智能温室大棚、亲本虾池（图 17）、抱卵虾池（图 18）、孵化育苗系统（图 19）、繁育区（图 20）、土池扩繁区（图 21）、虾巢系统（图 22）、水气电供应系统及其他配套设施。具体建设规模应根据生产规模、虾苗市场需求量及投入产出比核算等而定。

图 17　江苏省盱眙县淡水　　　　图 18　江苏省盱眙县淡水
小龙虾亲本虾池　　　　　　　　小龙虾抱卵虾池

图 19　江苏省盱眙县淡水小龙虾
　　　　孵化育苗系统

图 20　江苏省盱眙县淡水
　　　　小龙虾繁育区

图 21　江苏省盱眙县淡水
　　　　小龙虾土池扩繁区

图 22　江苏省盱眙县淡水小龙虾
　　　　工厂化育苗设施虾巢系统

　　工厂化育苗所用的抱卵虾受精卵应颜色基本一致，分批孵化，保证所孵出的幼体发育基本同步，以确保后续虾苗规格基本一致。在孵化育苗系统中，抱卵虾孵出蚤状幼体，吊挂于亲虾的腹部附肢上，蜕壳后成一期幼虾。幼虾脱离亲虾母体后，在水温 20～25℃的水体中经超过 10 天培育，体长 2 厘米以上时即可按需起捕。

（编写者：徐强、高辉）

106. 购买稻田生态种养畜禽动物优质苗种有哪些注意事项？

　　稻田生态种养实践中，需向具有种畜禽生产经营许可证、具备科学的免疫程序的种畜禽场购买畜禽动物优质苗种。稻-鸭生态种养模式中，需购买体格健壮、性情活跃、眼光有神、重量正常、身躯较长、臀部柔软、绒毛干净整洁的雏鸭；稻-猪生态种养模式中，需就近购买身腰较长，腹部上收呈扁圆状，臀部突出，背平而宽，皮薄毛稀、健康无病，尾尖可卷，叫声清脆，粪便成团松软的同窝猪仔；稻-羊生态种养模式中，需购买体格健壮、抗病性强、精神饱满、呼吸顺畅、四肢强健、后躯丰满、采食力好的羊仔；稻-鸡生态种养模式中，需购买体格健壮、绒毛整齐清洁、腹部平坦柔软、脐部紧而干燥的雏鸡；稻田生态复合种养模式中，需购买体格健壮、行动活泼、叫声有力、采食量大、健康无病的雏鹅。

运输畜禽动物优质苗种时需做好必要的防护措施与棚舍全面消毒工作。

（编写者：徐强）

107. 稻田生态种养水产动物生态健康养殖的策略是什么？

稻田生态种养水产动物养殖应在深入推进农业供给侧结构性改革，推动新的"三品一标"（品种培优、品质提升、品牌打造和标准化生产）上做好示范表率。为此，应秉持生态健康养殖理念，谋划推动稻田生态种养水产动物绿色高质量养殖工作。

（1）改良水土　水体和土壤是稻田生态种养水产动物赖以生存的关键环境条件。在国家大气污染防治行动计划、水污染防治行动计划、土壤污染防治行动计划等的推动下，稻田生态环境得到持续改善，重金属与化工污染等得到明显抑制，为稻田生态种养水产动物生态健康养殖创造了有利条件。稻田生态种养水产动物养殖中常用的检测理化指标主要包括水体的温度、溶解氧、透明度、pH、氨氮、亚硝酸盐、磷含量和土壤墒情、养分、重金属含量等。基于物联网系统与实验室测定技术，实现水体和土壤关键理化指标的在线监测、诊断决策与预报预警，利于针对性采取技术措施。

（2）选优苗种　苗种质量高、规格基本一致、活力与抗病力强是稻田生态种养水产动物生态健康养殖与标准化生产的基石。通常渔政、动物检疫等相关部门对苗种生产许可证、生产品种、亲体数量、生产苗种数量、"三项记录"（《养殖生产记录》《用药记录》《销售记录》）、违禁药物使用等进行检查，保障水产苗种高质可靠，确保养殖产品质量，便于产品质量跟踪、追溯、检查与纠纷调解，成为生产养殖的凭据、责任追究的依据、执法处罚的证据。其中，在《养殖生产记录》中需记录边沟水深、放养品种的苗种来源、苗种检疫证号、检疫单位及投放苗种的品种、规格、投放量与投放时间。

（3）科学饲喂　饲料的质量决定了其自身被水产动物转化的效率。在稻田生态种养水产动物生态健康养殖中，应优先选择质量高、信誉好的饲料。根据稻田生态种养模式的不同，选择科学合理的饲料投喂方式，做到"三看"（看水产动物、看水、看天）"四定"（定时、定质、定点、

视频 8：投喂饲料

定量）投喂，既满足水产养殖需要，也可减少饲料浪费，避免水质污染，降低养殖成本，提高经济效益（视频 8）。在《养殖生产记录》中需记录养殖品种的个体大小、边沟状况与水质监测情况、投饵情况与水产动物摄食情况、增氧设备的使用情况等。

（4）防病控害　因稻田分布离散、生态环境有异、水产动物行踪不定，故稻田生态种养水产动物病害发生往往难以早发现、早给药、早治疗，因而特别强调预防为主、防治结合。所使用的水产动物药物需具备"三证"（渔药登记证、渔药生产批准证、执行标准号），同时严格按照药物使用说明，对症用药，熟悉用法，控制用量，减少药害。建议使用生态制剂。在《用药记录》中需记录清塘与养殖过程中渔药使用情况、水产动物病害发生情况、用药理由（消毒、预防与治疗、疾病症状等）、用药情况（用药时间、药品名及厂家、药量、用法、休药期等）。

（编写者：徐强、高辉）

108. 稻田生态种养模式中水产动物常见病有哪些？

水产动物的疾病是制约稻田生态种养水产动物养殖绿色、高质量、可持续发展的重要因素。稻田生态种养部分水产动物的常见病包括：

淡水小龙虾的常见疾病主要有软壳病（虾壳软薄，体色不红，活

动力差，采食不旺，生长缓慢）、烂壳病（虾壳上有灰白色溃烂斑点，严重时呈黑色，斑点下陷，最终导致虾体内部感染）、黑鳃病（鳃部褐色或深褐色，直至变黑，鳃组织萎缩坏死）、出血病（体表布满出血斑点，附肢和腹部较明显，肛门红肿）、水霉病（体表附生灰白色、棉絮状菌丝，不觅食，不入洞穴）、纤毛虫病（体表、附肢、鳃上附着污物，体表有白色絮状物，活力减弱，食欲减退）、螯虾瘟疫病（体表有黄色或褐色斑点，附肢和腿基部可见真菌丝状体，活动减弱）、烂尾病（感染初期病虾尾部边缘溃烂、坏死或残缺不全，后向中间扩展）、畸形病（身体弯曲，或尾部弯曲萎缩，或附肢刚毛变弯，活动无力，蜕壳困难）、白斑综合征（无力上草、摄食减少、头盖壳易剥离、肝胰腺颜色变白）和细菌性肠炎（食欲减退，继而不食，向浅水区靠近，消化道充血肿胀，有淡黄色黏液）等。

中华绒螯蟹的常见疾病主要有颤抖病（步足呈间歇性痉挛状，反应迟钝，行动缓慢，蜕壳困难，摄食量明显减少）、上岸症（爬在沟边或水草上，不下水）、水肿病（腹脐和鳃丝水肿透明，不采食，不活动）、肠炎病（吃食减少，肠道发炎）、烂鳃病（鳃丝变色，局面溃烂）、纤毛虫病（体表有毛状物，上有污物，活力减弱，食欲减退，生长缓慢，蜕壳困难）、肝坏死（肝呈灰白色、黄色或深黄色）等。

中华鳖的常见疾病主要有腐皮病（四肢、颈部、尾部或甲壳边缘部皮肤糜烂，皮肤组织变白或黄，不久坏死，产生溃疡甚至骨骼外露、爪脱落）、疖疮病（颈部、裙边、四肢基部可见由变性组织形成的黄白色渗出物，边缘圆形外凸，后疖疮四周炎症扩展溃烂，食欲减退，活力减弱）、白斑病（四肢、裙边可见白色斑点，逐渐扩大成边缘不规则的白色斑块，表皮坏死，部分崩解，稚鳖患病后死亡率高）等。

鲢鱼的常见疾病主要有病原腮霉病（不摄食，游动迟缓，鳃部充血与出血，严重者鳃丝坏死，影响呼吸功能）、打印病（背鳍后的体表有近似圆形红斑，病灶处鳞片脱落，后形成溃疡）、指环虫病（鳃丝肿胀，黏液增多，呼吸困难）、碘泡虫病（瘦弱，头大尾小，体色暗淡无光泽，脊柱向背部弯曲，尾部上翘，肝脾萎缩，腹腔积水）、双线绦虫病（腹部膨大，局部凸起，明显消瘦，腹部膨大，腹肌极薄，用力挤压腹部，裂头蚴可从胸鳍处钻出）等。

尽管稻田生态种养水产动物均存在多种常见病，但在改良水土、选优苗种、科学饲喂、防病控害等条件下，可预防较多疾病发生，实现水产动物生态健康养殖目标。

（编写者：徐强）

109. 哪些药物可用于稻田生态种养水产动物生态健康养殖？

根据《稻渔综合种养生产技术指南》（农办渔〔2020〕11号），投放鱼苗前，可用生石灰、二氧化氯等对田块进行消毒；购买的苗种投放前，可使用3%～5%的食盐或按说明使用高锰酸钾溶液等进行浸浴消毒；应坚持预防为主原则，在苗种发生病害，或水中有害生物大量生长时，科学合理使用药物；治疗使用的药物应执行中华人民共和国农业行业标准NY 5071—2002《无公害食品 渔用药物使用准则》中的相关规定。

稻-淡水小龙虾生态种养实践中，应适时通过分塘转移、捕大留小等措施，减少存塘量，减小养殖密度；加强水体增氧，保持水质清洁；合理投喂添加抗病毒中药、免疫促进剂、非特异性免疫增强剂等的优质饲料，注意营养均衡，提高淡水小龙虾免疫和抗应激能力，抑制病毒繁殖。鼓励使用"三效"（高效、速效、长效）"三小"（毒性小、副作用小、用量小）的渔药，提倡使用水产专用渔药、生物源渔药和渔用生物制品。选择食盐、小苏打合剂、生石灰、漂白粉、聚碘溶液、茶粕浸泡液、硫酸铜和硫酸亚铁合剂等药物，进行水体消毒，杀灭病毒，防治疾病。坚持生态健康养殖理念与"防重于治"原则，提早预防，定期消毒，做好病虾隔离，切断传播途径。

（编写者：徐强）

110. 稻田生态种养水产动物养殖中哪些农业投入品禁止或限制使用？

中华人民共和国农业行业标准NY 5071—2002《无公害食品 渔用药物使用准则》规定，渔用药物是指用以预防、控制和治疗水产动植物的病、虫、害，促进养殖品种健康生长，增强机体抗病能力以及改善养殖水体质量的一切物质；严禁使用高毒、高残留或具有"三致"（致癌、致畸、致突变）毒性的渔药；严禁生产、销售和使用未经取得生产许可证、批准文号与没有生产执行标准的渔药；严禁使用危害人类健康和破坏水域生态环境的渔药；严禁直接向养殖水域泼洒抗生素；严禁将人用新药作为渔药的主要或次要成分。

禁用渔药包括地虫硫磷、六六六、林丹、毒杀芬、滴滴涕、甘汞、硝酸亚汞、醋酸汞、呋喃丹、杀虫脒、双甲脒、氟氯氰菊酯、氟氯戊菊酯、五氯酚钠、孔雀石绿、锥虫肿胺、酒石酸锑钾、磺胺噻唑、磺胺脒、呋喃西林、呋喃唑酮、呋喃那斯、氯霉素、红霉素、杆菌肽锌、泰乐菌素、环丙沙星、阿伏帕星、喹乙醇、速达肥、己烯雌酚[18]。该标准规定，水产饲料中药物的添加应符合 NY 5072—2002《无公害食品 渔用配合饲料安全限量》要求，不得选用国家规定禁止使用的药物或添加剂，也不得在饲料中长期添加抗菌药物。

水产苗种、渔药、饲料添加剂等的选用也需符合《农业转基因生物安全管理条例》（根据 2017 年 10 月 7 日《国务院关于修改部分行政法规的决定》修订）要求。

（编写者：徐强）

111. 稲田生态种养畜禽动物生态健康养殖的策略是什么？

稲田生态种养畜禽动物生态健康养殖的策略是秉持创新、协调、绿色、开放、共享五大发展理念，遵循生态学规律，推进农业清洁生产、生物安全、生态设计、物质循环、能量流动、资源高效持续利用、环境友好和高质量新消费等多元融合，推行生态健康养殖，规避环境污染，生产高品质畜禽产品。

（1）环境友好　鸭、猪、羊、鸡、鹅等畜禽养殖过程中会产生污染排放，是"263"（两减六治三提升）专项行动中"治理畜禽养殖污染及农业面源污染"的重点关注对象。畜禽动物粪便、污水等直接或间接排放，给水体、土壤、大气质量等带来了巨大压力，减弱了环境承载能力。在法定边界范围内，发展稲田生态种养畜禽动物生态健康养殖，利于农牧结合，促进物质循环、能量流动和资源高效持续利用，减少农业面源污染。

（2）**清洁生产**　清洁生产是指将综合预防的环境保护策略持续应用于生产过程和产品中，以期减少对人类和环境的风险。通过研发畜禽所需的最优日粮配方产品与绿色高质量饲料添加剂，可降低畜禽粪便中硫化氢、氨气等有害气体排放及粪便排泄量，做到源头控污、节料减排。采用现代生物发酵工程技术，经除臭、腐熟、脱水等环节，将畜禽粪便变为沼气和活性生物有机肥，应用于稻田生态种养畜禽动物生态健康养殖领域，做到畜禽养殖业污染物资源化无害化利用，实现节能减排、节肥丰产。

（3）**按标生产**　严格贯彻执行相关法律法规与现行的 GB 18596—2001《畜禽养殖业污染物排放标准》等标准要求，充分利用宏大的稻田资源，开展稻田生态种养畜禽动物生态健康养殖实践，实行"三品一标"（品种培优、品质提升、品牌打造和标准化生产）行动计划，推行生态健康养殖，严禁使用违禁药物，严控农业投入品质量关、水污染物直接或间接排放限值关，节料节能节肥，绿色控污减排，提供高品质畜禽产品，深化农业供给侧结构性改革，促进农业绿色高质量可持续发展。

（编写者：徐强）

112. 稻田生态种养畜禽动物有哪些常见病？

稻田生态种养相关畜禽动物的常见病包括：

鸭的常见疾病主要有鸭瘟（高热脚软，行动迟缓，稀便绿色，头颈部肿大）、鸭病毒性肝炎（精神萎靡，嗜睡困顿，运动失调，肝脏肿大）、禽流感（站立困难，头颈后仰，尾巴上翘，皮肤等充血出血，肝脏肿大）、禽霍乱（精神萎靡，翅尾下垂，头隐伏似睡，不进食，呼吸困难，肝脾肿大）、大肠杆菌病（全身或局部感染性疾病，精神不振，行动迟缓或不走动，雏鸭和成年鸭皆可感染，症状不同）、球虫病（萎靡呆立，食欲减退，嗜睡不食，卧地不起，生长缓慢）等。

猪的常见疾病主要有猪瘟（高热，内脏严重出血，高死亡率）、腹泻病（食欲减弱，体态消瘦）、白肌病（萎靡不振，心速过快，心肌衰竭，站立不稳）、呼吸道综合征（呼吸困难，采食减少，生长减缓）、伪狂犬病（体温升高，呕吐腹泻，喷嚏咳嗽，脑膜充血等）、猪流感（精神不振，食欲减退，体温升高，喷嚏咳嗽，流涕喘气）等。

羊的常见疾病主要有口蹄疫（口腔黏膜、蹄部等有水疱及溃疡）、羔羊痢疾（精神沉郁，食欲不振，排泄稀便，口流泡沫）、炭疽病（倒地抽搐，颤抖磨牙，呼吸困难，体温升高，结膜发绀）、羊瘟（发热流涕，腹泻）等。

鸡的常见疾病主要有传染性鼻炎（进食减少，呼吸不畅，眼周肿胀）、传染性喉气管炎（体态消瘦，呼吸不畅，气喘咳嗽）、传染性支气管炎（体态速瘦，呼吸困难）、慢性呼吸道病（呼吸不畅，鸡脖频摆，眼皮肿胀）、白冠病（贫血，产蛋稀少）等。

（编写者：徐强）

113. 哪些药物可用于稻田生态种养畜禽动物生态健康养殖？

从历年全国畜禽产品质量安全例行监测合格率来看，兽药残留超标依旧存在。在稻田生态种养畜禽动物生态健康养殖实践中所使用的药物须依照《中华人民共和国农业法》《中华人民共和国农产品质量安全法》《农业转基因生物安全管理条例》《兽药管理条例》等有关法律、行政法规的规定执行。

兽用药物是指能调节畜禽机体功能、防治畜禽疾病的药物。对畜禽动物具有预防、治疗作用的天然植物源、动物源、矿物源兽药可用于稻田生态种养畜禽动物生态健康养殖。维生素 A、维生素 D、维生素 K 和 B 族维生素在能量转化和代谢功能中具有重要作用，是机体生长发育不可或缺的物质，常作为饲料添加剂使用。根据现行规定，经药学、安全性和药效试验与严格评价审查后批准生产使用的氨基糖苷类、四环素类、β-内酰胺类等 8 类共 56 个抗生素主要品种和磺胺类、喹诺酮类等 3 类共 45 个合成抗菌药主要品种，可用于防治畜禽动物疾病和促进生长，但需注意使用范围、使用剂量和休药期等。

（编写者：徐强）

114. 稻田生态种养畜禽动物养殖中哪些农业投入品禁止或限制使用？

《中华人民共和国农产品质量安全法》第四十六条规定，使用农业投入品违反法律、行政法规和国务院农业行政主管部门的规定的，依照有关法律、行政法规的规定处罚。

为规范稻田生态种养畜禽动物养殖环节用药行为，依法依规、科学合理使用兽药，控制兽药残留含量，提升畜禽动物质量安全水平，洛美沙星、培氟沙星、氧氟沙星、诺氟沙星、非泼罗尼、喹乙醇、氨苯胂酸、洛克沙肿、硫酸黏菌素预混剂等禁用。根据农业农村部公告，盐酸克仑特罗、沙丁胺醇、硫酸沙丁胺醇、莱克多巴胺、盐酸多巴胺、西马特罗、硫酸特布他林等肾上腺素受体激动剂禁止在饲料和动物饮用水中使用；己烯雌酚、雌二醇、戊酸雌二醇、苯甲酸雌二醇、氯烯雌醚、炔诺醇、炔诺醚、醋酸氯地孕酮、左炔诺孕酮、炔诺酮、绒毛膜促性腺激素、促卵泡生长激素等性激素，碘化酪蛋白、苯丙酸诺龙及苯丙酸诺龙注射液等蛋白同化激素，氯丙嗪、盐酸异丙嗪、安定（地西泮）、苯巴比妥、苯巴比妥钠、巴比妥、异戊巴比妥、异戊巴比妥钠、利血平、艾司唑仑、甲丙氨脂、咪达唑仑、硝西泮、奥沙西泮、匹莫林、三唑仑、唑吡旦等精神药品禁用。

（编写者：徐强）

115. 如何实现稻田生态种养"一水多产"？

"稻长水中，虾蟹畅游""垄上种稻，行中养鸡，沟内养鱼""周年一稻多虾"等稻田立体生态种养均属于"一水多产"范畴，空间维、时间维要素集聚利用，种植业、水产畜禽业多业融合，可达到一水多用、一水多效作用，且可优化稻田生态环境，提高环境承载力。

稻-鸭-鱼、稻-鸡-斑点叉尾鲴、稻-淡水小龙虾-鳜鱼、稻-蟹-鳜鱼、稻-蟹-青虾以及稻-虾-草-鹅、稻-蟹-鳜鱼-青虾、"一稻两虾（克氏原螯虾）""一稻三虾（克氏原螯虾）"等稻田周年生态复合种养模式中，充分挖掘利用稻田时空资源，基本不施用化学肥料、农药，水稻、水产、畜禽动物等更洁净、更美味，品质更优越，质量更绿色、更安全，"成本不外摊，收益不外泄"效用突出，助力"一县一业""一村一品"高质量发展，带动农民就近就地就业与增收致富。

（编写者：徐强）

116. 促进稻田生态种养模式技术推广的策略有哪些?

主要有以下六个方面:

(1) 把握目标导向　应基于绿色发展、高质量发展、规范发展、协调发展原则,确立"产品绿色、产出高效、产业融合、资源节约、环境友好"的发展目标,加快稻田高质高效生态种养模式技术推广应用,深化农业供给侧结构性改革,推进乡村产业振兴和农业农村现代化建设。

(2) 突出主要产区　根据《中国稻渔综合种养产业发展报告(2020)》,2019 年,长江经济带地区的湖北、湖南、四川、安徽、江苏、贵州、江西、云南、浙江、重庆、上海 11 个省份稻渔综合种养面积占全国稻渔综合种养总面积的 87.0%。可见,长江经济带是我国稻田高质高效生态种养模式技术推广的核心区域。地方政府重视,政策机制扶持,产学研用活跃,专家指导到位,经营主体积极,市场拓展有力,推广效益显著,是该区域大面积示范推广稻田高质高效生态种养模式技术的优势条件。

(3) 聚焦主体模式　全国各地已发展有稻-淡水小龙虾、稻-鸭、稻-鸡、稻-羊、稻-猪、稻-澳洲小龙虾、稻-淡水小青虾、稻-南美白对虾、稻-蟹、稻-鳖、稻-鳅、稻-鳝、稻-鲶鱼、稻-鲢鱼、稻-鳙鱼、稻-鲫鱼、稻-鳜鱼、稻-黄颡鱼、稻-美国斑点叉尾鮰、稻-乌鳢、稻-沙塘鳢、稻-鲤鱼、稻-锦鲤(高档观赏鱼)、稻-胭脂鱼、稻-半刺厚唇鱼、稻-田螺、稻-牛蛙、稻-青蛙、稻-蟾蜍、稻-水蛭等 30 多种稻田综合种养模式及繁杂多元的同季或周年复合种养模式[19]。其中,稻-淡水小龙虾和稻-鱼种养模式覆盖省份最广、面积占比最大、生产总量最多,为核心主体模式。

(4) 抓好典型基地　高质建设、示范推动是促进稻田高质高效生态种养模式技术推广应用的主要形式。2017—2018 年,农业农村部分两批创建国家级稻渔综合种养示范区 67 个,做到"五有"(有创建目标、有工作经费、有技术团队、有核心示范区、有技术模式)。各主产省(区、市)、地级市、县(市、区)也建设了一批稻田高质高效生态种养模式技术示范基地,部分基地获批中国特色小镇、国家级特色田园乡村、国家农业标准化示范区等项目。通过基地建用、巡回指导和培训观摩等，助农种养，传授技艺，增强了技术推广的质效。

（5）彰显综合效益　通过示范案例分享、样板田块展示、典型基地建设、集成技术推广、职业农民培训、一二三产融合等，推动了先进适用技术的落地应用，促进了"一县一业""一村一品""渔旅融合""农牧结合"等的做强做大，带动了周边农民就近就地就业，取得了显著的技术、经济、社会和生态效益。

（编写者：高辉）

117. 如何组织有效的稻田生态种养模式技术培训或观摩？

技术培训或观摩是稻田生态种养模式技术推广的必要环节。通过交给农民心、讲给农民听、做给农民看，使稻田生态种养先进适用技术由点及面，落地生根，得以普及应用。

（1）明确目标　首先，需明确活动的目标、活动的形式与内容、活动的时间与时长、活动的目标人群、拟邀请的相关领域领导和专家、组织方式等。其次，需拟订包括会议目的及主题、会议时间、会议内容、与会人员、会议场地、会议资料、宣传报道等在内的活动计划。第三，需落实活动经费，形成会议标准开支经费预算，并报领导或财务部门审核，获得批准后按规范和流程执行。

（2）活动筹备　根据会议主题、时间、地点、形式、规模等，草拟会议通知。经多方沟通协调，确定会议通知，邀请与对接授课专家，发布会议通知，确定会议日程，编印会议材料。根据会议主题、形式与规模等进行室外观摩会现场布置，如必要的道路指引牌、横幅、基地展示牌、基地介绍材料等，配备好便携式音响、耳麦等设备，落实好现场讲解人员。对于室内培训会，则做好横幅或投影仪或大屏显示、相关文稿、音响、话筒、笔记本电脑、激光笔、胸卡、席卡、餐券等会场内外准备。

（3）活动开展　会务团队安排好与会人员报到注册事宜，告知参会人员会议基本信息和注意事项等。由会务团队谋划引领，按照会议日程逐项灵活进行会议事项，及时向与会人员提供必要服务。活动有两个以上不同地方的特别注意好时间上的对接衔接安排与空间上的定位引导安排，保障活动按时顺利进行。车辆较多时应进行编号。参会人员较多时，应做好安全防范预案以及可能的防疫等报备工作。

（4）活动总结　做好会议材料、照片、票据等妥善留存以及财务决算、报销等工作。针对前期会议筹备与组织情况，及时对活动成效与问题进行总结，形成会议纪要，并作必要的活动宣传，提升活动质效。

（编写者：邢志鹏）

五、产业篇

118. 稻田生态种养危及粮食安全吗?

目前,农业农村部已经发布了 SC/T 1135.1《稻渔综合种养技术规范　第 1 部分:通则》、SC/T 1135.4《稻渔综合种养技术规范　第 4 部分:稻虾(克氏原螯虾)》、SC/T 1135.5《稻渔综合种养技术规范　第 5 部分:稻鳖》、SC/T 1135.6《稻渔综合种养技术规范　第 6 部分:稻鳅》等行业标准,统一通则要求与关键技术指标,对主要种养模式提供了标准化、规范化的技术指导,突出了"以渔促稻、稳粮增效、生态环保"作用。

《稻渔综合种养技术规范　第 1 部分:通则》标准明确了平原地区水稻亩产量不低于 500 千克,丘陵山区水稻单产不低于当地水稻单作平均单产;沟坑占比不超过 10%;与同等条件下水稻单作对比,单位面积化肥、农药施用量平均减少 30% 以上等要求。从"稳定水稻生产"出发,宜选择茎秆粗壮、分蘖力强、抗倒伏、抗病、丰产性能好、品质优、适宜当地种植的水稻品种;稻田工程应保证水稻有效种植面积,保护稻田耕作层;应按技术指标要求设定水稻最低目标单产;发挥边际效应,通过边际密植,最大限量保证单位面积水稻种植穴数;应做好茬口衔接,保证水稻有效生产周期,促进水稻稳产;水稻秸秆宜还田利用,促进稻田地力修复与有机质提升。

较多的地区加强了对梯田、洼地、冬闲田、中低产田、复垦地、盐碱地等的开发利用,紧抓农村土地整治、高标准粮田建设、提升耕地质量、中低产田改造等机遇,发展稻田高质高效生态种养,农田由小变大,破埂还田,扩增了水稻种植面积,提高了作业效率,提增了粮食综合生产能力。

扬州大学、常州亚美柯机械设备有限公司等针对虾田稻泥脚深、机插难和生产风险大等突出问题，研发了适于虾田稻生产的 2ZB-6AKD（RXA-60TKD）加强型宽窄行水稻钵苗插秧机及其配套的关键栽培技术，破解了稻田高质高效生态种养水稻难以机插、水稻群体质量不优、产量不高的技术难题，开辟了适应虾田稻生产的新型钵苗机插栽培新途径。2019 年，在江苏省盱眙县马坝镇旧街村稻田综合种养创新试验基地，经专家组验收，南粳 5718 钵苗机插绿色高效栽培丰产方水稻亩净实产达 562.17 千克，扬产糯 1 号稻虾共作绿色高效栽培示范方水稻亩净实产 631.33 千克。

可见，在遵行法律法规和标准规范、提升科技支撑能力等的前提下，稻田高质高效生态种养不会危及粮食安全。

（编写者：高辉）

119. 稻田生态种养属于高效农业范畴吗？

高效农业是指基于市场需求，通过以工补农、以工强农、以农助工、以农促工，充分发挥生产要素效用，实现农业规模化、标准化、产业化、高新化发展，综合提高生产效率、产品质量和经济效益，推动"一县一业""一村一品"创建的现代农业生产方式。其与传统农业的区别见表1。

表1　高效农业与传统农业的区别

类别	高效农业	传统农业
运行机制	"公司+科技+农户"或基地化等	农户自行生产
经营规模	适度规模经营	小而分散
战略目标	以市场为导向，以效益为中心	以高产为导向
生产方式	设施农作、立体农作、智慧农作等	露天单一农作
要素投入	物资、资本、科技、管理、物流等	物资、粗放式管理
抗灾能力	强	弱
技术要求	高	低
营销业态	商超、批发、电商、直销、拍卖等	零售
市场风险	大	小
经济效益	高	低

江苏省是国内最早系统化开展高效农业规模化卓越实践的省份之一。亩均效益 2 000 元是高效农业的基本标准。以稻麦周年轮作为主体的传统农业生产，亩均年产值约 2 600 元，扣除种子、肥料、农药、灌溉、机械作业、交通运输等成本后，亩均效益仅约 1 200 元。倘若实行适度规模经营，则在扣除土地流转成本约 900 元后，亩均效益仅约 300 元，显然不属于高效农业规模化，而仅属于规模农业高效化。

高效农业对政策、资金、土地、科技、人才、设备、信息、管理、加工、物流、储藏、销售等生产要素或支撑条件有着很强的需求。诸多实践表明，稻田高质高效生态种养模式多元，方式多样，因而易于结合当地自然资源禀赋与产业基础，因地制宜地选择适用模式，激发从业人员创造创新创业活力，规避同质化竞争，化解生产性风险，利于深化农业供给侧结构性改革，做优产品质量，做响产品品牌，做长产业链条，助力实施脱贫攻坚和乡村产业振兴，促进农村增益、农业增效、农民增收。通过"一水多产""一田多收"，提高优质绿色稻米质效，降低种肥药等生产成本，增加水产畜禽产品收益，稻田高质高效生态种养可实现亩均效益 2 000 元以上，其中稻-水蛭（宽体金线蛭）模式一般可达亩均效益 3 万元以上。

尽管不同省份、不同地区、不同模式的稻田高质高效生态种养效益差异较大，甚至出现不小比例的新型经营主体勉强保本或巨额亏损状况，但整体而言，稻田高质高效生态种养属于高效农业范畴，是人才投身农业、企业关注农业、资金投向农业、技术革新农业、信息服务农业的新领域与新方向。

（编写者：高辉）

120. 稻田生态种养产业的经济效益如何？

稻田生态种养是乡村产业振兴领域的特色产业，在湖北等省份则是优势产业、支柱产业、百亿元级产业。据《中国稻渔综合种养产业发展报告（2018）》，稻渔综合种养的经济效益明显提升。据对 2017 年全国稻渔综合种养测产和产值分析表明，稻渔综合种养比单种水稻亩均效益增加 90.0% 以上，亩平均增加产值 524.76 元，采用新模式的亩均增加产值在 1 000 元以上，带动农民增收 300 亿元以上。据

《中国稻渔综合种养产业发展报告（2019）》，以湖北省稻-淡水小龙虾生态种养模式为例，2018年全省亩均效益约3 000元，较水稻单作提高2 500元左右；以浙江省青田县、景宁县等稻-鱼生态种养模式为例，亩净利润3 000元以上；以辽宁省盘锦市稻-蟹生态种养模式为例，亩增效益600～1 000元；以湖北省稻-鳅共作模式为例，亩增效提高2 000元左右；以湖北省稻-鳖生态种养模式为例，亩增效4 500元以上，浙江德清稻-鳖共作则实现"百斤鱼、千斤粮、万元钱"。

但在稻田生态种养实践中，并不是所有农户发展该产业均能实现提质增效。笔者对江苏省稻-淡水小龙虾综合种养专项调查发现，约1/3农户赚钱，1/3农户保本，1/3农户亏本。保本和亏本的原因主要有：生产者盲目跨界入行，基本建设不规范，虾苗价高难求，对种养技术掌握不到位，淡水小龙虾逃亡，用工成本高，市场营销乏力，虾苗与成虾远途运输死亡率高，新冠肺炎疫情等影响淡水小龙虾消费，集中上市导致淡水小龙虾价格低迷等。

因此，稻田生态种养产业本身可产生显著的经济效益，但该产业的发展质态仍然是赚钱、保本和亏本"三足鼎立"，且成因复杂。如何规范化高质量发展稻田生态种养产业，促使其经济效益最大化仍是亟待寻策问计、重点破解的现实问题。

（编写者：邢志鹏）

121. 稻田生态种养产业的社会效益如何？

发展稻田生态种养产业，可产生显著的社会效益，具体包括：

（1）推动经济发展　新时代的稻田生态种养产业已成为湖北、湖南、四川、安徽、江苏等20多个省区市强动能、高活力、高价值的农业新产业，助推"一县一业""一村一品""渔旅融合""农牧结合"等特色化发展。

（2）促进科技进步　稻田生态种养产业的发展促进了种养大户、家庭农场、农民专业合作社、企业等新型经营主体的发展与壮大，农业的组织化程度和规模化、标准化、产业化、品牌化发展水平日益提升。

（3）增进三产融合　稻田生态种养产业农田基本建设与农村设施建设相结合，打造田园综合体，带动了农产品加工业、仓储业、物流业和全域旅游、绿色农业、休闲农业、节庆活动、农产品电商等服务型产业崛起，提升了一批"特色小镇""特色田园乡村"的获得感、知名度和美誉度。

（4）增加农民收入　稻田生态种养产业激发了农民种稻积极性，促进撂荒稻田不撂荒、闲置稻田不闲置、盐碱地上可种稻可养鱼，实现了低洼地、低地力、低产量水平稻田的高效利用与有效改良，并催生了就业新岗位，多方面增加了农民收入。

（5）改善生态环境　稻田生态种养通过加高加固田埂，开挖边沟，增加了稻田蓄水能力，提升了防洪抗旱能力。宁夏回族自治区发展的稻-蟹生态种养工程，每亩蓄水量增加了 100 米^3。稻田生态种养减少了水稻虫害、草害等发生，降低了肥药施用量，肥沃了稻田土壤，净化了水质，改善了稻田生态环境。

（6）提高产品质量　稻田生态种养产业以发展绿色食品稻米和水产畜禽产品为着力点和主攻方向，农产品质量安全水平显著提高，十分契合国家农业供给侧结构性改革与高质量发展重大需求。

（7）推进科学普及　稻田生态种养是我国农耕文化的重要组成部分。通过不同层次、不同形式的科普教育等活动，既可普及水稻、水产畜禽、农产品质量安全等专业知识，也可有助于继承和发扬农耕文化。

（编写者：邢志鹏）

122. 稻田生态种养产业的生态效益如何？

发展稻田生态种养产业可起到节肥节药、提质增效等作用，生态效益十分显著。

（1）减少化肥施用　与水稻单作相比，稻田生态种养模式有肥料氮、饲料氮和水产畜禽动物排泄物输入稻田，可作为肥料供水稻吸收利用，因而稻田生态种养水稻较常规栽培肥料用量可减少 30% 左右，甚至可不施肥。水产畜禽动物在稻田内摄食、排泄等活动影响稻田生态环境，可加快稻田系统碳氮循环与高效利用。加之，稻田生态种养中的肥料施用采用有机肥和化肥配施的方式，因而化肥用量可大幅度减少。对于以绿色和有机标准为目标的稻田生态种养模式，其化肥的投入量则更少。

（2）减少化学农药施用或不施用　水产畜禽动物对化学农药反应敏感，为此稻田生态种养下需限制并减少化学农药施用，采用生物、物理防治为主，化学防治为辅的病虫草害绿色高效防治策略。水产畜禽在稻田能捕食部分浮游生物、幼虫、病原菌、杂草等，可减轻水稻病虫草害发生，为农药减量施用或不施用创造了条件。

（3）减少面源污染　化肥农药减施或不施用减少了稻田氮素、磷素、农药等面源污染，利于改善稻田生态环境，净化水质，洁净空气与土壤。同时，鱼虾等能大量摄食稻田有害生物幼虫和钉螺等，利于健康乡村建设。

（4）减少温室气体排放　由于稻田生态种养优化了稻田生态环境，秸秆等资源被高效利用，通过肥水促进稻田水体浮游生物大量产生，进而成为水产等动物的天然饵料，因而稻田甲烷、氧化亚氮、二氧化碳等温室气体排放明显减少。

（5）利于产品绿色优质　稻田生态种养下绿色生态的稻田环境利于产出绿色优质的稻米和水产畜禽产品。研究表明，与单作水稻相比，稻田生态种养模式下的稻米品质相关指标有所改善，质量等级有所提升。

（编写者：邢志鹏）

123. 稻田生态种养产业面临的发展问题有哪些？

目前，稻田生态种养产业面临的发展问题主要有：

（1）产业发展认识不足　稻田生态种养产业首先需扛稳粮食安全重任，依靠科技进步，实现水稻丰产稳产，保障稻米高质高效产出，为端稳端牢"中国饭碗"持续做出贡献；其次，水产畜禽动物大规格产出，品质显著提高；第三，农业投入品减量使用，高效利用；第四，稻田生态环境显著改善，推动农业产业、资源环境、农村社会三个可持续发展。

（2）技术创新能力不强　当前稻田生态种养机械化、清洁化、智能化、自动化生产技术水平还不够高，水稻产量不高不稳，肥药等投入依旧在高位，水产畜禽动物大规格产出率偏低，均需要"揭榜挂帅"式科技创新加以强力支撑，以强化突出"绿色、优质、丰产、节本、高效"的稻田生态种养综合目标，促进技术进步，提高种养水平，降低生产成本，提增种养效益。

（3）按标种养实施不力 在稻田生态种养基础设施工程建设方面，存在田间工程设计与改造不规范，稻田沟坑占比相对过大，水电沟渠路桥涵等设施不配套，大型农机下田作业不便利等问题。在种养业投入品方面，存在尤其缺乏适宜水稻和水产动物共生种养的生育期适中、抗倒抗逆性强的优质水稻品种，苗（雏）种质量不稳与投放成活率不高，自主创新的新型肥料、饵料、药剂缺乏等问题。在种养技术方面，存在轻简化机械化生产方式薄弱，稻田病虫草害和水产畜禽动物病害发生规律尚不明确，缺少绿色超高效综合防控技术研究，不同稻田生态种养模式缺乏标准化技术体系支撑等问题。在种养人员专业化技术水平方面，存在大多由传统的种植业转向种养业，"讲标准、定标准、用标准"的意识不够强，标准化、产业化、品牌化发展与市场开拓能力欠缺等问题。

（4）产业发展水平不高 稻田生态种养产业中种养、投入品、保鲜、加工、储运、营销、服务等环节存在脱节，产学研用融合度低，致使产业增值能力弱，各环节的收益回报率低，投资回收期偏长，甚至持续亏本。稻田生态种养产业产品难以加快适应新消费和加速融入双循环新发展格局。生态种养稻米高附加值的加工产品较少，缺少影响力强、市场占有率高的头部企业及其品牌，产业发展力与带动力不强。水产品精深加工、电子商务、冷链物流、出口创汇发展不足，生产成本偏高，利润率偏低。

（编写者：邢志鹏）

124. 发展稻田生态种养产业有哪些风险？

发展稻田生态种养产业的风险主要有：

（1）政策风险 受粮价平行或下行等的影响，部分生产者片面追求水产畜禽动物产生的经济效益，重视养殖，轻视种植，过度开挖稻田，边沟面积过大，破坏了不小比例的耕作层土壤，导致水稻净实产偏低。这与国家粮食安全战略和耕地非农化、粮田非粮化相悖，从而面临粮食产区"非粮化"专项整治行动的风险。

（2）技术风险　在水稻种植中，由于气候状况年际波动、壮秧培育不力、秧苗栽插质量不高、肥水管理不当、病虫草害绿色防控欠佳等，因而存在水稻倒伏、减产与品质下降的风险。有些从业者对于清塘、消毒、放养时机、水质调控、科学投饵和晒田、减量平衡施肥、水浆管理、病虫害绿色防控等稻田生态种养技术理解不深入、掌握不到位，因而导致种养产品产量不稳、规格不优、质量不高。此外，因部分稻田长期淹水甚至深水，故存在土壤潜育化与土壤耕作层结构变劣的风险。

（3）市场风险　稻谷价格长期不高，2020年末价格有所上升，但稻田流转与种肥药、用工等生产成本高企，加之优质不优价、品牌难打造，致使种稻效益不佳。水产畜禽动物产品价格时有起伏、收益不稳。一般，稻田生态种养淡水小龙虾每年5月为上市高峰，在价格上则是全年的谷底；虽然可提早上市或延迟上市，实施错峰养殖策略，但由于稻田生态种养面积的加快扩大，以及受到淡水小龙虾习性、灌溉水资源、水稻季种养同步生产、物流快递服务、淡水小龙虾新消费需求等综合影响，因而也难以快速见效。突如其来的新冠疫情给2020年上半年的淡水小龙虾养殖及其产品销售带来深刻影响，虾苗价格跌入近年低谷，淡水小龙虾消费产业受到重挫。

（4）法律风险　由于淡水小龙虾等水产动物不耐长途运输，因而生产上出现了投放前或投放后虾苗大量死亡情况，由此易引发矛盾纠纷。而一些稻田生态种养从业者往往出于"单方信任"，口头约定购买苗（雏）种，未订立书面合同，加之法律意识、保险意识等不强，进而导致稻田生态种养经营上的被动。

（编写者：邢志鹏、高辉）

125. 国内已有哪些稻田生态种养大米品牌？

品牌的价值取决于其政策契合度、行业知名度、稳定成长性、产品模式创新性、细分市场占有率、投资回报率等，属于企业"账内无价、账外有价"的无形资产。在稻田生态种养领域，国内有辽宁盘锦稻蟹米、湖北潜江虾乡稻、江苏丹阳稻鸭米、江苏盱眙龙虾香米、湖南南县南洲稻虾米、四川隆昌稻鱼米、贵州从江稻鱼米、浙江青田稻鱼米、云南元阳梯田红米等知名大米品牌，但仍普遍处于发展壮大的进程中，品牌价值有待进一步提升。

江苏省淮安市盱眙县经"中国盱眙龙虾节"到"中国盱眙国际龙虾节"前后历时20年的精心打造，"盱眙龙虾"品牌价值持续快速提升，连年举办"盱眙龙虾香米品鉴会"，接连获得首届全国稻渔综合种养优质渔米评比金奖、第二届中国"好米榜"金奖等殊荣，延伸带动了"盱眙龙虾香米"新品牌的萌生与发展。2020年6月14日，"盱眙龙虾香米"已成功注册为国家地理标志证明商标（第34372510），正式取得国家知识产权商标注册证。

（编写者：窦志）

126. 国内稻田生态种养水产动物产品品牌有哪些？

在稻田生态种养领域，国内有江苏盱眙龙虾、辽宁盘锦河蟹、浙江青田田鱼、浙江德清中华鳖、湖北潜江龙虾、湖南南县小龙虾、广西全州禾花鲤、广西三江高山稻鱼、广西三江融水田鲤、贵州稻田鲤鱼、四川稻田江龙鱼等知名水产动物产品品牌。其品牌价值整体比稻田生态种养大米高。

根据中国品牌建设促进会联合国务院国资委新闻中心、中国经济信息社、新华网、中国资产评估协会等单位举行的"2020中国品牌价值评价信息发布"线上活动信息，"盱眙龙虾"品牌价值高达203.92亿元，位列地理标志产品排行榜第13名，连续5年位居全国水产类公用品牌首冠；"盘锦河蟹"则位列地理标志产品排行榜第25名、全国水产类公用品牌第2名。

（编写者：陈友明）

127. 如何打造稻田生态种养产业区域公用品牌？

农产品区域公用品牌是指基于独特的资源禀赋，由特定区域内相关机构和以企业、农民专业合作社等为主体的新型农业经营主体共有，在生产地域范围、品种品质管理、品牌使用许可、品牌行销传播等方面具有共同行动，使区域产品与区域引力共振发展的农产品品

· 113 ·

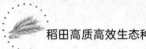

牌。通常由"县级以上产地名＋农产品名称"构成，具有明确的生产区域范围以及特定的农产品名称。稻田生态种养产业区域公用品牌打造的关键点在于：

（1）契合政策　拟打造的稻田生态种养产业区域公用品牌须契合国家粮食安全、乡村振兴等重大战略需求，符合农业供给侧结构性改革、高质量发展、城乡一体化发展方向，契合地方农业主导产业，汇聚政策、集聚资源、产业做强、规模做大。《江苏省人民政府关于促进乡村产业振兴推动农村一二三产业融合发展走在前列的意见》（苏政发〔2020〕19号）提出，到2022年，基本建成优质稻麦、特色水产、规模畜禽、现代种业、休闲农业和农业电子商务等8个产值千亿元级产业，其中苏米、苏鱼、苏猪、苏禽均为五大农业主导产业之一，均与稻田生态种养产业紧密相关。

（2）优化生态　区域绿色发展理念先行，山水林田湖草资源丰厚，自然生态保护有力与修复到位。大面积农业生产上用水总量控制，化肥农药使用总量减少，地膜、秸秆、畜禽粪便基本资源化利用，农业面源污染治理攻坚战得以持续推进。稻田生态种养基地的水体、土壤、大气质量优良，周边无污染源，沟渠路桥涵站配套，农田水利设施完善。

（3）厚实基础　区域内特定的水稻和水产畜禽动物种养历史文化资源得以充分挖掘，生产总量大，行业产业地位较高。农业企业、农民专业合作社等新型农业经营主体生产规模集聚度高，龙头企业带动力强，产业链条长。稻田生态种养绿色高效化、机械化、信息化、智慧化技术得到落地应用。特色水稻和水产畜禽动物产品已有一定的市场占有率和客户群。

（4）明确主体　稻田生态种养产业区域公用品牌管理服务主体具体明确，通常由政府部门、稻米或水产畜禽动物行业协会或具有公信力的重点龙头企业担当。由江苏省民政厅2004年6月批准成立的江苏省盱眙龙虾协会即负责推广运用"盱眙龙虾"地理标志证明商标专用权和"盱眙龙虾"自营出口权等，并受盱眙县人民政府和上级相关部门委托，对盱眙龙虾产业进行规划、指导、协调和行业监督，制定盱眙龙虾行业协会标准等。

（5）多产融合　聚焦稻田生态种养水稻和水产畜禽动物产品细分市场与都市圈等特定市场，持续创新业态，增强产业活力。因地制宜和择地择优建立水稻和水产畜禽动物产品加工中心（图 23）、冷链物流中心、批发市场和"云市场"等，带动农产品电子商务和全域旅游、休闲农业等兴起，促进稻田生态种养领域一二三产业深度融合与协进发展，创造就业，带动增收。

图 23　克氏原螯虾虾尾产品

（6）强化监管　加强对区域内许可加盟的农业企业、农民专业合作社等新型农业经营主体教育培训，明确奖惩与进退机制，促进行业自律，同线同质同标，提升产品质量管理与质量保证能力，共同维护稻田生态种养产业区域公用品牌信誉度，增强产业高质量可持续发展水平与区域发展引力。

（编写者：高辉、窦志）

128. 稻田生态种养产业的市场潜力有多大？

据全国水产技术推广总站、中国水产学会发布的《中国小龙虾产业发展报告（2020）》，2019 年中国小龙虾产业总产值达 4 110 亿元，同比增长 19.3%，其中第一产业产值约 710 亿元，第二产业约 440 亿元，第三产业约 2 960 亿元，第三产业产值占总产值的 72.0%。仅就淡水小龙虾而言，产业总产值大，以餐饮新消费、夜宵新经济为主的淡水小龙虾第三产业市场发展力很强，但加工业短板突出，精深加工偏弱。尽管 2020 年上半年稻-淡水小龙虾产业受到新冠疫情短期影响，但淡水小龙虾市场消费人群庞大，潜在需求巨大，加之国家新冠疫情精准防控措施有力到位，国内国际双循环相互促进的新发展格局得以构建，稻-淡水小龙虾产业市场潜力必可得到有效激发，必将在数年中继续稳居稻田生态种养产业市场翘楚。

　　稻田生态种养模式繁杂多元，共有 30 多种具体模式。通过因地制宜、因模式制宜，实施个性化、差异化、特质化发展，拉长种苗（雏）、种养、农机、药肥、饲料、加工、储藏、保鲜、物流、电商、餐饮、旅游（图 24）、创意、创汇等产业链条，在绿色有机稻米、绿色有机水产畜禽产品等方面实现持续增值，预测稻田生态种养产业总产值可达到万亿元级水平。

图 24　宁夏"稻渔空间"田园综合体

（编写者：窦志、高辉）

129. 发展稻田生态种养产业的利润率空间有多大?

　　与稻-麦、稻-油菜、双季稻等传统模式相比，稻-淡水小龙虾、稻-鱼、稻-蟹、稻-鳖、稻-鳅、稻-鳝、稻-鸭等稻田生态种养模式以第一年高的成本和之后年份渐低的成本增加获得了较高的稻田产值回报与利润率。

　　以江苏省淮安市盱眙县某稻-淡水小龙虾生态种养户为例，每亩稻田地租成本 800 元、种肥药机等种稻成本约 720 元、淡水小龙虾养殖成本约 900 元（田间工程按 5 年平均计算），种稻产值约亩产

600 千克优质稻谷×3.0 元/千克＝1 800 元，淡水小龙虾产值约75 千克产量×28 元/千克＝2 100 元，仅第一产业亩均利润可达 1 800＋2 100－800－720－900＝1 480 元。传统稻麦轮作亩均利润约 800 元，而稻-淡水小龙虾生态种养每亩稻田利润较稻麦轮作可增加 680 元，利润空间提高了 85%。若能发展第二产业、第三产业，使稻-淡水小龙虾生态种养产业链拓链增值，则可进一步提升稻田生态种养的利润空间。

（编写者：窦志）

130. 发展稻田生态种养产业有哪些成本？

稻田生态种养产业的成本主要有：

（1）土地租金费　长三角地区土地租金每年一般为 800～1 200 元/亩不等。

（2）基本建设费　多数稻田生态种养模式需要开挖形状不一的边沟，加高外埂，加固内埂，并平整稻田，同时配备必要的沟渠路桥涵站、物联网监控系统以及基地围栏、进排水管、防逃网、便携式水泵、地笼、渔船等设备设施。

（3）生产材料费　包括水稻种植环节的种子、育秧基质、秧盘、肥料、农药等与水产畜禽动物养殖环节的种苗（雏）、渔药、饲料、水草等。

（4）机械租赁费　租赁用于水稻整田、运秧、插秧、施肥、植保、除草、收获、烘干等作业的农业机械。

（5）能源动力费　用于稻田灌排水、农业机械充电或加油产生的水电费和燃油费支出。

（6）劳务费　包括水稻种植环节的播种、育秧、起秧、运秧、装秧、插秧、补秧、回收秧盘、施肥、植保、除草、灌溉等与水产畜禽动物养殖环节的水草种植、饲料投喂、捕捞、分拣、搬运、物流、销售等。

（编写者：窦志）

131. 稻田生态种养产业链上的龙头企业有哪些？

根据《农业农村部 国家发展改革委 财政部 商务部 中国人民银行 国家税务总局 中国证券监督管理委员会 中华全国供销合作总社关

于印发《农业产业化国家重点龙头企业认定和运行监测管理办法》的通知》(农经发〔2018〕1号)文件,农业产业化国家重点龙头企业是指以农产品生产、加工或流通为主业,通过合同、合作、股份合作等利益联结方式直接与农户紧密联系,使农产品生产、加工、销售有机结合、相互促进,在规模和经营指标上达到规定标准并经全国农业产业化联席会议认定的农业企业。申报农业产业化国家重点龙头企业应符合如下基本标准:

①企业组织形式。依法设立的以农产品生产、加工或流通为主业、具有独立法人资格的企业。

②企业经营的产品。企业中农产品生产、加工、流通的销售收入(交易额)占总销售收入(总交易额)70%以上。

③生产、加工、流通企业规模。总资产规模东、中、西部地区分别为1.5亿元、1亿元、5 000万元以上;固定资产规模东、中、西部地区分别为5 000万元、3 000万元、2 000万元以上;年销售收入东、中、西部地区分别为2亿元、1.3亿元、6 000万元以上。

④农产品专业批发市场年交易规模。东、中、西部地区分别为15亿元、10亿元、8亿元以上。

⑤企业效益。企业的总资产报酬率应高于现行一年期银行贷款基准利率;企业诚信守法经营,应按时发放工资、按时缴纳社会保险、按月计提固定资产折旧,无重大涉税违法行为,产销率达93%以上。

⑥企业负债与信用。企业资产负债率一般应低于60%;有银行贷款的企业,近两年内不得有不良信用记录。

⑦企业带动能力。鼓励龙头企业通过农民专业合作社、家庭农场等新型农业经营主体直接带动农户。通过建立合同、合作、股份合作等利益联结方式带动农户的数量东、中、西部地区分别为4 000户、3 500户、1 500户以上。企业从事农产品生产、加工、流通过程中,通过合同、合作和股份合作方式从农民、新型农业经营主体或自建基地直接采购的原料或购进的货物占所需原料量或所销售货物量的70%以上。

⑧企业产品竞争力。在同行业中企业的产品质量、产品科技含量、新产品开发能力处于领先水平,企业有注册商标和品牌。产品符

合国家产业政策、环保政策和绿色发展要求，并获得相关质量管理标准体系认证，近两年内没有发生产品质量安全事件。

⑨申报企业原则上是农业产业化省级重点龙头企业。

2020年12月15日，农业农村部发布《关于公布第九次监测合格农业产业化国家重点龙头企业名单的通知》，其中涉及稻田生态种养产业链的农业产业化国家重点龙头企业主要有：中粮集团有限公司、金健米业股份有限公司、盘锦鼎翔米业有限公司、宁夏兴唐米业集团有限公司、洪湖市洪湖浪米业有限责任公司、湖北国宝桥米有限公司、湖北交投莱克现代农业科技有限公司、仙桃市茂盛水产品有限公司、大湖水殖股份有限公司、江苏泗洪县金水特种水产养殖有限公司、湖北襄大农牧集团股份有限公司、江苏京海禽业集团有限公司、北京大北农科技集团股份有限公司、新希望集团有限公司、华山科技股份有限公司、上海农产品中心批发市场经营管理有限公司、江苏凌家塘市场发展有限公司、南昌深圳农产品中心批发市场有限公司等。

各省（自治区、直辖市）、地级市也培育打造了一批稻田生态种养领域的农业产业化省市级重点龙头企业。

（编写者：邢志鹏）

132. 稻田生态种养产业链上的国家现代农业产业园有哪些？

农业农村部、财政部贯彻落实党中央、国务院关于建设现代农业产业园、培育农业农村发展新动能的决策部署，按照"先创后认、边创边认、以创为主"的工作要求，2018年认定20个国家现代农业产业园，2019、2020年各批准了45个、31个国家现代农业产业园创建工作，其中以稻田生态种养产业为着力点的主要国家现代农业产业园如下：

（1）湖北省潜江市现代农业产业园 2018年入选首批国家现代农业产业园认定名单。以潜江特色化稻-淡水小龙虾主导产业为主，重点聚焦"产业融合、农户带动、技术集成、就业增收、引领农业供给侧结构性改革、加快推进农业现代化"，高质量打造现代农业新模式，构建科技创新和综合商务区（核心区），产业集聚与产城融合发展区（示范区）和绿色高效"稻-淡水小龙虾共作"标准化种养基地的"两区一基地"发展模式。

(2) 天津市宁河区现代农业产业园 2019 年入选国家现代农业产业园创建名单。以小站稻振兴和两个国家级原种猪场发展为契机,围绕水稻、生猪两大主导产业,辐射带动特色农产品种养、加工、销售及种业发展,立足米、猪、种、游、销 5 个方面,力争把宁河大米产业链做大做强,同时打造完整生猪养殖销售产业链。其中稻米产业上,通过稻-蟹、稻-渔混养,发展绿色大米品牌,使农业转型升级、提质增效,以质量兴农、绿色兴农、品牌兴农为方向,提高农业科技贡献率,增加优质农产品供给。

(3) 江苏省盱眙县现代农业产业园 2020 年入选国家现代农业产业园创建名单。围绕稻-淡水小龙虾共生主导产业,规划形成"一带二核三区"的空间布局,其中"带"为稻-淡水小龙虾产业集聚带,集聚盱眙特色、串联一二三产业;"核"为产业园核心区,是产业园推动现代农业生产、核心示范、辐射推行的先行区;"区"为绿色高效生产区,布局优化,产品供应,三产融合。将产业园建成以绿色稻-淡水小龙虾为主导,农业休闲观光、农产品加工物流为延伸,产业特色鲜明,要素高效集聚,功能健全,产业链完整,设施装备先进,生产方式绿色,经济效益显著,与农民利益联结紧密,辐射带动有力的国家级现代农业产业园。

(编写者:邢志鹏)

133. 稻田生态种养产业链上的中央农业产业强镇有哪些?

2018 年,农业农村部、财政部启动实施了中央农业产业强镇示范建设,支持发展壮大优势产业,培育乡村产业新业态新模式,推进农村产业融合、产城融合、城乡融合。2018、2019 和 2020 年分别批准了 254 个、298 个和 259 个中央农业产业强镇示范建设项目,其中稻田生态种养产业链上的中央农业产业强镇主要有:

(1) 2018 年 包括天津蓟州区出头岭镇,辽宁盘山县胡家镇,吉林永吉县万昌镇,黑龙江方正县会发镇,江苏昆山市巴城镇、淮安市岔河镇、响水县南河镇、泰州市沈高镇,浙江德清县新市镇、平湖市广陈镇,安徽怀宁县黄墩镇、宣城市洪林镇,福建仙游县钟山镇,江西万载县三兴镇，山东郯城县归昌乡，湖北洪湖市万全镇、汉川市南河乡、大冶市金牛镇、来凤县旧司镇，湖南宁乡市双江口镇、华容县插旗镇、道县梅花镇，广东大埔县湖寮镇、台山县斗山镇、开平市金鸡镇、廉江市良垌镇、连州市东陂镇，广西上林县白圩镇、南丹县芒场镇、南宁市大塘镇、田东县林逢镇、永福县苏桥镇，海南澄迈县桥头镇，重庆大足区三驱镇，四川安岳县镇子镇、威远县向义镇等。

(2) 2019年　包括辽宁开原市庆云堡镇、庄河市石城乡，黑龙江五大连池市新发镇，上海市松江区泖港镇，江苏新沂市时集镇、溧阳市天目湖镇、太仓市璜泾镇、丹阳市珥陵镇，浙江嘉兴市油车港镇、长兴县吕山乡，安徽无为县红庙镇，江西浮梁县鹅湖镇，山东微山县韩庄镇，河南固始县胡族铺镇，湖北阳新县枫林镇、老河口市竹林桥镇、监利县三洲镇、团风县马曹庙镇、嘉鱼县官桥镇，湖南湘乡市东郊乡、永州市邮亭圩镇、中方县桐木镇，广东饶平县钱东镇、兴宁市龙田镇，广西东兴市江平镇，海南文昌市抱罗镇，重庆合川区龙市镇，四川都江堰市胥家镇、隆昌市胡家镇，贵州遵义市汇川区团泽镇、清镇市红枫湖镇、榕江县忠诚镇，云南昌宁县湾甸傣族乡等。

(3) 2020年　包括天津津南区小站镇，辽宁葫芦岛市曹庄镇、沈阳市杨士岗镇，黑龙江延寿县加信镇，上海浦东新区宣桥镇，江苏南京市和凤镇、无锡市万石镇、常州市指前镇、泗洪县龙集镇，浙江宁波市姜山镇，安徽望江县高士镇、宣城市水阳镇、芜湖市泉塘镇、当涂县黄池镇、庐江县白湖镇，福建漳州市东园镇、长汀县河田镇，江西余干县三塘乡，河南息县项店镇，湖北荆门市雁门口镇、谷城县五山镇、仙桃市彭场镇、咸宁市柳山湖镇，湖南安仁县灵官镇、南县三仙湖镇、安乡县黄山头镇、长沙市乔口镇，广东中山市黄圃镇、广州市太平镇、茂名市公馆镇、清远市山塘镇、阳西县程村镇、饶平县洪洲镇，广西玉林市民乐镇、大化瑶族自治县北景镇、贺州市八步区铺门镇，重庆潼南区龙形镇、丰都县三元镇，四川大竹县月华镇，贵州印江县木黄镇、紫云苗族布依族自治县白石岩乡、惠水县好花红镇、施秉县甘溪乡，云南石屏县坝心镇、富宁县归朝镇，宁夏银川市梧桐树乡等。

（编写者：邢志鹏）

134. 稻田生态种养产业链上的特色小镇有哪些？

根据《住房城乡建设部 国家发展改革委 财政部关于开展特色小镇培育工作的通知》（建村〔2016〕147 号）文件，到 2020 年，培育 1 000 个左右各具特色、富有活力的休闲旅游、商贸物流、现代制造、教育科技、传统文化、美丽宜居等特色小镇，引领带动全国小城镇建设，不断提高建设水平和发展质量。各省（自治区、直辖市）、地级市也纷纷打造地方特色小镇。

目前，稻田生态种养产业链上入选的国家级、省级等特色小镇主要有：辽宁盘锦市盘山县胡家镇统筹周边村庄稻-蟹生态种养，打造"稻蟹小镇"；浙江丽水市景宁畲族自治县英川镇长于稻-鱼生态种养与烹饪技术，打造"美食小镇"；广西柳州市柳南区太阳村镇发展稻-螺生态种养，打造"螺蛳粉小镇"；广东广州市从化区艾米农场发展稻-鸭生态种养，打造"艾米稻香小镇"；江苏连云港市灌南县新集镇发展规模化多元化稻田生态种养，打造"稻渔生态小镇"；宁夏回族自治区银川市灵武市梧桐树乡发展稻-蟹生态种养，培育有机稻米，打造"塞上稻香小镇"；宁夏回族自治区银川市贺兰县常信乡发展稻-鱼和稻-蟹生态种养与休闲旅游，打造"稻渔空间特色小镇"等。

（编写者：邢志鹏）

135. 如何实现稻田生态种养一二三产业融合发展？

党的十九大报告指出，促进农村一二三产业融合发展，支持和鼓励农民就业创业，拓宽增收渠道。稻田生态种养产业既不同于单一的水稻产业，也不同于单一的水产畜禽产业，而应是一二三产业链条化耦合、规模化聚合、系统化融合，涉及种苗（雏）、种养、农机、药肥、饲料、加工、储藏、保鲜、物流、电商、餐饮、旅游、创意、创汇等多环节的新产业。实现稻田生态种养一二三产业融合发展的策略主要有：

（1）了解情况，夯实基础　理清家底，全面了解国内稻田生态种养类型和模式及其技术要点、空间布局、面积及最新政策等，评估可能产生的经济、生态和社会效益及其风险。摸清市场，深入关注绿色稻米和水产畜禽动物产品市场行情与动态演变特征，科学择定适合的稻田生态种养模式及其绿色稻米和水产畜禽动物产品规格与目标市场。查清基础，综合评估自身的耕地、技术、农机、资本、人力、管理、认证等条件，确定稻田生态种养面积与生产组织方式。

（2）建优基地，创新技术　建设集中连片、环境优良、设施配套、排灌便利、交通方便的高标准稻田生态种养基地，确保稻米和水产畜禽动物产品绿色高质量供给。选用适宜打造以绿色食品和地理标志产品为主、有机产品为辅的优质水稻和水产畜禽动物品种，采用适宜水稻播栽期和水产畜禽动物投养时间，衔接种养环节，高效利用资源。创新应用水稻长秧龄钵苗机插、水稻一次性减量施肥、水草种植修整、水质调控、无人机或自动化投饲、水稻病虫草害绿色高效防控、水产畜禽动物病害监测防控、捕捞清塘等技术。因地因种确定合理种养密度，促进水稻个群体协调生长和水产畜禽动物高质量养殖。建立应用水稻和水产畜禽动物协同优质丰产的水浆管理模式。全程做好生产记录。

（3）综合开发，质量溯源　按同线同标同质原则，对不同时间点收获的优质稻米和水产畜禽动物产品分等定级，进行鲜销、冷藏、初加工、精深加工、冷链物流等环节处理，同时对稻糠、虾蟹壳等副产品进行开发利用。申请通过必要的质量认证，构建独立、权威、可信的第三方质量监控与溯源体系。

（4）多元行销，多向增值　创新以企业为核心的种养、收储、加工、物流、营销、服务全产业链开发运营模式，或购买相关服务。以绿色消费、体验消费、亲子消费、线上消费等为抓手，发掘稻田生态种养历史文化资源，发展科技、科普、教育、全域旅游等新业态，推动稻田生态种养多产融合与转型升级。

（编写者：邢志鹏）

136. 稻田生态种养产业如何与旅游业融合发展？

旅游业是基于旅游资源与配套设施，为游客提供吃住行游购乐等优质服务，进而产生经济、社会和生态效益的产业。在新冠疫情影响下，出境游、长途游等受到抑制，传统旅游业遭遇挑战，但市（县）

内游、周边游、自驾游、乡村游、休闲游、小镇游、生态游、文博游、线上游等则迎来生机。稻田生态种养产业具有绿色生态的特征，通过嫁接旅游业，延长产业链，可以实现综合效益的提升。

（1）稻田观光游　立足稻田生态种养基地，精益化精致化打造观景台、稻田画、彩色稻、稻草人、水车、水产畜禽动物卡通造型、外埂花带果园等视域宽、视效强的主题场景，结合民宿、农家乐餐饮、采摘等，发展"稻田风光游"等主题活动。也可以弱联强，联盟3A级以上景区推出"一日游"活动，实现捆绑双赢、组合增值。

（2）稻作文化游　深度挖掘稻田生态种养的历史文化与传统习俗等资源，发展稻米博物馆、淡水小龙虾博物馆、稻田生态种养文化馆等地方特色文化旅游项目。借助"青田稻鱼共生系统""万年稻作文化系统""哈尼稻作梯田系统""从江侗乡稻鱼鸭系统"等世界农业文化遗产金字招牌，融汇传统文化与现代文明，创新鱼稻米、鸭稻米、虾稻米、田鱼干等特质产品，实现"文化＋旅游＋产品"聚合增值。

（3）节庆活动游　通过中国农民丰收节、中国盱眙国际龙虾节、中国湖北（潜江）龙虾节等重大节庆活动的举办，加大对稻田生态种养优势资源的宣传，吸引游客，吸引投资，吸引客户，起到做强产业、开拓市场和促进消费等多方面作用。组织稻田生态种养产品博览会、展销会和品鉴会等，招徕游客，走近顾客，提高稻田生态种养优质产品的知名度和影响力。

（4）乡村休闲游　按照2A级以上景区标准，争取政策支持，建设稻渔特色小镇或田园乡村、味稻小镇等，发展垂钓、插秧和割稻比赛、稻田四周步道迷你马拉松、住宿、餐饮、购物、科普等旅游服务项目，延展稻田生态种养产业链，促进农业增效与农民增收。

（编写者：邢志鹏）

137. 稻田生态种养产业如何与餐饮业融合发展？

稻田高质高效生态种养产业可为新消费背景下的餐饮业提供高增值的产品与高质量的食材，而餐饮业则可促进稻田生态种养产业链条有效延伸与快速增值。两者相辅相成，相得益彰。

（1）自营餐饮　稻田生态种养从业者立足于自身，开拓餐饮销路，实现"种养＋餐饮"无缝衔接，大幅节约成本，实现提质增效。江苏盱眙龙虾股份有限公司 2009 年由江苏渔蒙家餐饮有限公司与江苏省盱眙龙虾协会共同出资组建，该公司即有自产稻米、淡水小龙虾产品、餐饮店等，实施一体化运营。

（2）休闲餐饮　打造农家乐、乡村生态餐厅、稻田烧烤等特色餐饮服务，寓乐于吃，食材来源于稻田生态种养产业，使顾客吃得放心。依托国际赛事，湖北淡水小龙虾助战欧洲杯，啤酒小龙虾、白葡萄酒煮小龙虾、小龙虾仁沙拉等美食火爆，带动稻田生态种养产业发展。

（3）订单配送　稻田生态种养从业者与餐饮企业等实施订单农业、认养农业，签订战略协议，组织订单生产，直采稻田生态种养绿色优质产品。创新烹饪技术、下单和快递方法等，配送个性化、特色化半成品或成品速食产品，联姻外卖业，壮大顾客群。借助"网红"平台，直播稻田生态种养绿色优质产品烹饪与试吃体验，销售半成品或成品餐饮产品，提升知名度，构建"粉丝"群。

（编写者：邢志鹏）

138. 稻田生态种养产业如何与加工业融合发展？

发展稻田生态种养产品加工是补短板强弱项、延伸产业链条、实现产品增值、推进新型消费和提升综合效益的有效手段。

（1）产品初级加工　采用柔性碾米、产品保鲜等新技术，提高稻田生态种养稻米初级加工商品率和品质。根据稻田生态种养水产畜禽动物规格，区别化分拣包装，适应多元市场需求，实现产品增值。

（2）食用食品加工　瞄准国民餐桌，开发高留胚率米制品、速食米粥、保鲜米线（米粉）、米酒、米醋、高品质全谷物食品和鱼干、鱼肠、鱼饼、鱼糜、虾尾、虾仁、虾籽、蟹膏、香辣虾（蟹）、鸭脖等新型食品，延长产业链条，提升增值空间。

（3）精深加工开发　利用新型全谷物食品加工、高品质淀粉-蛋白联产等技术，开发蒸谷米、营养强化米、人造米、高钙米、富硒米、高锌米、益糖米、低谷蛋白米等功能性稻米，满足不同消费群体需求。开发水蛭粉、黄鳝泥鳅入药产品等，延伸拓展至医药产业，提高稻田生态种养产品产值与利润率。

（4）综合加工利用 开发稻壳饲料、稻壳板材、稻壳能源、米糠油、米糠营养素、米糠蛋白、低聚木糖、米皂等产品，提取虾（蟹）等壳中的甲壳素、壳聚糖、壳寡糖等。

（编写者：邢志鹏）

139. 稻田生态种养产业如何与物流业融合发展？

稻田生态种养产业衍生的物流业包括稻田生态种养投入品采购和农产品运输、分拣、包装、冷藏、保鲜、加工、装卸、搬运、配送、分销、快递与信息管理等环节。其节本高效运作是稻田生态种养产业链保值、升值、增值的关键。

（1）创培物流主体 目前尚缺少稻田生态种养产业链上的种子、育秧基质、秧盘、肥料、农药和种苗（雏）、渔药、饲料、水草以及优质稻米和水产畜禽生鲜产品的专门物流主体，往往出现物流成本高、周转时间长、物资与产品质量损耗重等情况。为此，应加强交通运输、仓储保管、冷链物流、信息通讯等基础设施建设，继续支持鲜活农产品运输绿色通道，创新稻田生态种养物流产业经营管理和服务运行机制。

（2）创新物流技术 应加强研发稻田生态种养产业物资与产品机械化、自动化、智能化快速高效减耗储运包装和冷链物流等技术，提升物流质量，降低流通成本，实现多方共赢。

（3）创优交易方式 便捷快速的稻田生态种养产业物资与产品交易方式是降低物流成本、缩短物流时间、提高物流质量、增强物流信誉的重要方面。应建设规范化需求信息发布、更新、共享网络平台或专用物流软件，引入云市场、拍卖、仓单交易、电子商务、区块链等新型交易方式，促进稻田生态种养产业物资和产品交易便捷化、批量化与信息化发展。

（4）创建支撑体系 建设适应新时代稻田生态种养绿色高质量发展的基础类、技术类、服务类、管理类、信息类和教育培训类标准体系建设，提升稻田生态种养物流产业标准化规范化水平，强化支撑，加强保障。

（编写者：邢志鹏）

140. 后新冠疫情下稻田生态种养产业的发展策略是什么？

最早发现于 2019 年 12 月的新型冠状病毒疫情发生后，对餐饮、酒店、旅游、交通、物流、零售、贸易等与稻田高质高效生态种养产业直接相关的多行业产生了持续的明显影响，造成了波及面较大的经济损失。水产畜禽苗种及其产品一度价格低迷，甚至滞销，致使一些供苗、种养、农资、收购、加工、储藏、销售、出口、消费等稻田高质高效生态种养全产业链经营者举步维艰，出现亏损。时至今日，上述行业已处于全面复苏提振阶段，推动稻田高质高效生态种养产业进入了后新冠疫情时代。

后新冠疫情下稻田生态种养产业的发展策略主要包括：一是强化策划（Plan）。在全面调研了解生产信息、技术信息、同行信息、市场信息等的基础上，从产前、产中、产后全盘加以谋划，明晰发展定位，细化种养布局，配套财物投入，严密成本核算，强化市场营销，加强风险防范，架构制度体系，基于简化、统一、协调、选优原则，形成可实施、可总结、可推广的稻田高质高效生态种养方案。二是推动实施（Do）。按照既定方案，统筹人力、财力、物力，施行精细、精致、精准、精益管理运行。尤其需坚持绿色高质量发展理念，配好人才关，把好农资关，过好生产关，保好质量关。三是组织检查（Check）。在稻田高质高效生态种养季的季中、季末阶段，及时总结措施到位率和目标达成度情况，分析提炼存在的问题。四是优化处置（Act）。针对措施到位率和目标达成度信息，进行再落实、再推进、再补位。针对稻田高质高效生态种养中存在的关键问题，组织资源与力量，进行攻关突破，施行创新驱动。针对存在的一般问题，即行即改。基于 PDCA 戴明循环原理，如是实施，优化环节，简化流程，控减成本，提高效率，提升效益，推进稻田高质高效生态种养产业优质循环，实现发展水平螺旋上升目标。

（编写者：高辉）

141. 后新冠疫情下稻田生态种养产品的营销策略是什么？

市场受"看不见的手"（市场机制调控）和"看得见的手"（政策

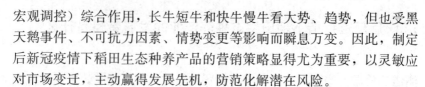

宏观调控）综合作用，长牛短牛和快牛慢牛看大势、趋势，但也受黑天鹅事件、不可抗力因素、情势变更等影响而瞬息万变。因此，制定后新冠疫情下稻田生态种养产品的营销策略显得尤为重要，以灵敏应对市场变迁，主动赢得发展先机，防范化解潜在风险。

（1）加强市场研判　在以国内大循环为主体、国内国际双循环相互促进的新发展格局下，通过多源数据挖掘、信息挖掘和知识挖掘，深入关注政策环境、市场动态和价格走势，把握了解新消费新需求。在政策方面，近年来，湖北、湖南、四川、安徽、江苏、江西等省份加大了对稻田生态种养产业的政策支持与技术指导力度，利于激发市场主体活力，促进产业高质高效发展。在市场方面，高规格淡水小龙虾等水产品依然价格坚挺，小规格、中规格则价格低迷，甚至明显下滑。在消费方面，国际消费尚受到新冠疫情影响，国内消费稳中向好，因而国内大循环潜力有待创新挖掘。

（2）坚持品牌战略　品牌是具有经济价值的无形资产，既可彰显企业价值理念，也可方便用户精准识别。以大品牌攻克大市场是许多企业成功的经验。品牌的知名度与信誉度在很大程度上决定了产品的市场拓展能力。根据中国品牌建设促进会联合中国资产评估协会等单位发布的 2020 中国品牌价值评价信息，"五常大米""盘锦大米""佳木斯大米""方正大米""庆安大米""射阳大米""孝感香米""泰来大米""南陵大米"和"盱眙龙虾""盘锦河蟹""洪泽湖大闸蟹"等入列区域品牌（地理标志产品）排行榜。"潜江龙虾""南县小龙虾"等品牌入选中国农业品牌目录 2019 农产品区域公用品牌。做强品牌在先，做优营销在后。浸润市场越久，品牌影响抬升。

（3）创新融合营销　新冠疫情期间，餐饮、酒店、商超、零售等线下实体店营销遇阻受挫、深受影响，线上零接触配送、零接触销售则激流勇进、顺势而上，消费新动能加速释放。后新冠疫情下，线上线下融合营销渐成主流。根据国家统计局信息，2020 年 1—7 月，全国实物商品网上零售额同比增长 15.7%，社会消费品零售总额的 25.0% 来自于实物商品网上零售额，其中通过互联网销售的吃类商品同比增长 38.2%。此外，直销、订单、批发、拍卖、农旅以及强强联合、以弱联强、弱弱联盟等均是增进营销的有效策略。

（编写者：高辉）

142. 后新冠疫情下如何实现稻田生态种养产品优质优价？

早在 1999 年 12 月 7 日，国家发展计划委员会、国家经济贸易委员会、农业部（现农业农村部）、国家质量技术监督局、中华全国供销合作总社、国家烟草专卖局、国家工商行政管理局、国家粮食局即下发了《关于进一步落实农产品优质优价政策的通知》（计粮办〔1999〕2146 号）。但由于信息不对称、市场不稳定、二八定律作用、"大小年"波动等多种因素影响，因而实现农产品优质优价存在很大的不确定性。后新冠疫情下实现稻田生态种养产品优质优价的策略如下：

（1）优质的产品 稻田生态种养中，由于增加了稻田生物多样性，减少了稻田病虫草发生危害，明显降低了肥药施用量，提增了农产品质量安全水平，因此生产出的稻米、水产畜禽产品清洁化水平高，优质绿色安全，催生了一批绿色食品、有机产品和地理标志产品。在中等以上收入群体持续扩增的条件下，稻田生态种养产品优质优价具有可行性，确定性增加，不确定性减少。

（2）合适的平台 好的产品（商品）需要好的强大平台快速营销，产品贴近用户，价格昭示价值。以大平台促进大销售，催生大效益。宜在天猫、淘宝、京东、拼多多、苏宁易购、盒马、顺丰优选、多点、沃尔玛生鲜、中粮我买网、美团买菜等众多生鲜电商和家乐福、沃尔玛、永辉、大润发、欧尚、苏果、农工商等诸多零售超市中择优合作，促进稻田生态种养产品优质优价销售与资金回笼再投入，带动种养端高质高效生产。

（3）黏性的用户 不同地域、不同社会经济条件、不同营销模式、不同消费习惯、不同消费场景等均会影响某一特定的稻田生态种养产品优质优价目标的实现，为此，需明确定位，细分市场，精准营销，以质取胜，培育回头的顾客与黏性的用户。苏南地区的用户相对偏爱软米，米粒半透明，直链淀粉含量低，饭粒晶莹、口感香软、爽滑妙弹。而华南、西南一带尤喜软香丝苗米，米粒洁白，晶莹光泽，香气浓郁，柔软可口。湖南喜好茶香小龙虾，湖北喜爱麻辣小龙虾，浙江热衷冰镇小龙虾，江苏则推崇十三香小龙虾。若生产与消费错配，则容易丢失中高端用户群体，导致优质不优价。唯选对人，做对事，方可兴其产，广其业。

（编写者：高辉）

143. 稻田生态种养领域有哪些新业态？

新业态是指在互联网＋、物联网、5G移动通讯、人工智能等技术快速发展条件下，为满足多元化、个性化、场景化、健康化的产品与服务新需求，通过创造创新、整合分异、衍生分化、跨界融合，进而形成的新链轮、新形态和新经济。稻田生态种养领域的新业态主要有：

（1）无人经济业态　2020年7月14日，国家发展改革委、中央网信办、工业和信息化部等13个部门联合印发《关于支持新业态新模式健康发展，激活消费市场带动扩大就业的意见》（发改高技〔2020〕1157号）文件，提出支持"无人经济"等15种新业态新模式发展，强调发展基于新技术的"无人经济"，充分发挥智能应用的作用，促进生产、流通、服务降本增效；发展智慧农业，支持适应不同作物和环境的智能农机研发应用；支持建设自动装卸堆存、无人配送等技术应用基础设施。一批无人便利店、无人百货商店、无人厨房、无人农场、无人配送机器人等无人业态聚合多元要素，充满科技元素，得到落地应用。

（2）直播带货业态　受新冠疫情的影响，直播带货新业态进入了兴盛发展期。为了宣传推介"一村一品""一县一业"、加快脱贫攻坚进程、解决农产品卖难、促进农民增收，一些省、市、县党政领导与企业家、专家、报社、电视台、直播带货团队、"网红"等纷纷加入直播带货行列，基于天猫、淘宝、京东、腾讯、苏宁易购、抖音短视频、快手、西瓜视频等互联网平台（图25），进行商品线上展示和直播导购销售，从以往的"朋友圈经济""粉丝经济"走向"用户经济"，传递价值，优化体验，增进互动，推动销售，收到了多方面成效。在有关直播带货的行业规范贯彻实施条件下，直播带货必将进入高质量、规范化发展轨道。

图 25　小龙虾直播带货工作室

（3）农旅融合业态　《国务院办公厅关于促进全域旅游发展的指导意见》（国办发〔2018〕15 号）文件指出，推动旅游与农业等融合发展，大力发展观光农业、休闲农业、培育田园艺术景观等创意农业，鼓励发展具备旅游功能的定制农业、会展农业、众筹农业、家庭农场、家庭牧场等新型农业业态。"稻渔空间""稻梦空间""龙虾垂钓园""龙虾节""蟹稻家欢乐节""稻花鱼丰收节""稻鱼之恋开镰节""鸭蛙稻五彩稻紫米耙共庆丰收节""稻田捉鱼节""钓鱼比赛"等稻田生态种养农旅融合项目或活动应运而生，闪亮面世。

（编写者：高辉）

144. 稻田生态种养产品电子商务产业发展情况如何？

根据中国互联网络信息中心发布的第 45 次《中国互联网络发展状况统计报告》，截至 2020 年 3 月，我国网民规模为 9.04 亿，互联网普及率达 64.5%（其中城镇地区为 76.5%，农村地区为 46.2%）；网络购物用户规模达 7.1 亿，2019 年交易规模达 10.63 万亿元，同比增长 16.5%；网络视频（含短视频）用户规模达 8.5 亿，占网民整体的 94.1%。随着城乡数字鸿沟的有效缩小、网民规模的快速增长、网购用户群体的日臻壮大、网络视频用户的大幅提升，使得稻田高质高效生态种养产品电子商务产业进入了跃升期，利于发展新农业、建设新农科、培育新产业、健壮新业态、催生新动能、推动新消费。

根据商务部信息，2019 年全国农产品网络零售额达到 3 975 亿元，同比增长 27%；至 2019 年末，全国农村网商已达 1 384 万家。

根据农业农村部信息，2020 年 1—5 月农产品网络零售额达到 2 476.2 亿元，同比增长 54.3%。农产品电子商务使得大量从事稻田高质高效生态种养的农业新型经营主体主动融入了国内国际双循环大市场，"零距离"触网，"信息化"跑腿，"不求人"入市，"无店铺"生金，实现了稻田高质高效生态种养产品"产得出、卖得了、运得远、赚得来"。湖北省潜江市深入推行"互联网＋小龙虾"行动计划，建立了虾谷 360、淘宝、京东潜江馆、翼之虾、美菜商城、云闪付商城等网上交易平台，潜江龙虾网销质效显著。

然而，稻田生态种养产品电子商务产业尚面临着一些发展难题，比如区域公用品牌缺少、农产品质量安全水平参差不稳不明、农产品检验检测不到位、农产品质量认证信息缺失、农产品快捷物流成本高企、生产技术与市场营销人才缺乏、小电商多而强电商少、标准化优质服务能力欠缺、网商对消费者隐私权保护意识不强等，均有待以互联网思维加以系统解决。随着 2018 年 8 月 31 日第十三届全国人民代表大会常务委员会第五次会议通过的《中华人民共和国电子商务法》的出台实施、国家乡村振兴战略的全面施行、农业农村现代化建设的有力推进与稻田高质高效生态种养产业系列扶持政策的加快出台，稻田生态种养产品电子商务产业将迎来诸多新机遇、新场景、新利好与新天地，进入高质量可持续电子商务发展新阶段。

（编写者：高辉）

145. 国内稻田生态种养产品电商平台有哪些？

据统计，我国涉农电商平台已超过 3 万个，数量繁多，平台多元，模式各异，竞争激烈。其中涉及稻田生态种养产品的电商平台主要包括：

（1）平台电商　即提供在线选购、在线支付、电子账户、产品推介、咨询建议、交易管理、安全防护等平台功能，自主进行即时即地、简捷高效式产品营销的电商企业。相关代表性平台电商有：天猫（2019 年度中国零售百强第 1 名，中国商业联合会、中华全国商业信息中心评选发布）、淘宝、美团等。

（2）综合电商　即拥有商品采购、销售、仓储、配送、客服等功能，保障高质量商品快速、低本、高效流通的电商企业。相关代表性综合电商有：京东（2019年度中国零售百强第2名）、苏宁易购（2019年中国连锁百强第1名，中国连锁经营协会发布）、1号店等。

（3）垂直电商　即专注于特定行业或细分市场运营、类似于"专卖店"的电商企业。相关代表性垂直电商有：中粮我买网（世界500强企业中粮集团有限公司2012年创办的食品类B2C电子商务网站）、沱沱工社（专注"有机、天然、高品质"食品销售）、本来生活网（专注中国优质食品提供）、顺丰优选（为用户提供日常所需的全球优质美食）、盒马鲜生（专注生鲜配送新零售）等。

（4）跨境电商　即通过国际化电商平台商品交易、支付结算、跨境物流、实现交易的电商企业。相关代表性跨境电商有：天猫国际、Lazada（阿里巴巴集团东南亚旗舰电商平台）、敦煌网、京东、网易考拉、亚马逊等。

（5）社交电商　即运用多元化网络社交平台或电商平台社交功能，通过朋友圈、公众号、微信群等快速、即时分享相关商品的信息，低本、高效地吸引用户分享、转发、点赞、评论、在看、留言、购买商品等，达成商品交易目的的新型微商。相关代表性社交电商有：拼多多（2019年度中国零售百强第3名）、微信、微博、钉钉、抖音、快手等。

（编写者：高辉）

146. 怎样开设一个稻田生态种养产品网店？

在平台电商、跨境电商等平台上，开设稻田生态种养产品网店均具有一网全能、流程快速、高效简捷的特点，主要步骤包括：

①登录电商平台官网。

②商家免费注册，填写用户名、密码、手机号码、电子邮箱、用户类型、主营行业等商户真实信息，并在线提交审核。

③通过手机验证或邮箱验证激活用户账号。

④实名认证，填写商家个人身份信息、银行卡卡号和开户银行或按电商平台要求，绑定支付宝等。

⑤电商平台通过认证。

⑥商家上传稻田生态种养商品品牌及其参数、商品图片、商品价格、付款方法（货到付款、在线支付、企业转账等）、物流配送、规格包装、商品宣传、售后服务（退款流程、取消订单等）、商品评价、联系方式等相关信息，正式开店，订单发货。

同时，稻田生态种养产品网店也应同步考虑线上线下协同的订单管理、发货管理、配送管理、基地管理、采购管理、商品管理、仓储管理、质量管理、财务管理、发票管理、职员管理、会员管理、售后服务、咨询答复、意见建议、数据统计等事务，以客户有效需求为关注焦点，坚持诚信经营、质量第一、效率至上，注重过程方法，优化交易流程，基于线上线下数据和建议反馈信息进行科学合理决策，强化关系管理，持续改进服务，增强客户黏性，提高营销质效。

（编写者：高辉）

147. 如何实现稻田生态种养产品质量全程追溯？

稻田生态种养产品质量全程可追溯体系是一种质量控制与质量保证能力，涵盖范围从始端到终端，内容包含稻田生态种养产品质量安全相关信息。可追溯性是其重要特征，目的是实现稻田生态种养产品供应链环节有记录、信息可查询、流向可跟踪、责任可追究、产品可召回、质量有保障，建构产品质量全程追溯信息闭环，保障产品质量安全。

稻田生态种养实践中，需在水稻种子、水产畜禽动物种苗（雏）、种养环境、肥料、饲料、农药、渔药、兽药、水质、病害等各个方面进行全员全面全程监管，做好《水稻种植记录》《养殖生产记录》《用药记录》《销售记录》等，将收集收录的过程监管相关信息录入在线查询系统或相关信息平台。用户或消费者可通过扫描产品二维码等方式查询稻田生态种养相关产品详细信息，进而做出优劣判别与交易判定。

稻田生态种养产品质量全程追溯可有效解决优质不优价、信息不对称和以次充好等问题，有利于示范推广稻田绿色有机生态种养技术，有利于强化稻田生态种养诸环节的管理、监督与检验检测工作，促进稻田生态种养产业绿色高质量可持续发展。

（编写者：陈友明）

148. 稻田生态种养领域的专业网站有哪些?

关于稻田生态种养模式研究与应用的报道较多,常见诸于报刊、电视、微博、微信公众号、网站等。目前种养结合紧密的稻田生态种养专业网站较少,但该领域单一种植或单一养殖,以及涉及政策法规、水稻、农机、水产、畜禽动物、饲料、科技、信息、市场等稻田生态种养领域的专业网站较多,主要有:中华人民共和国农业农村部官网(www. moa. gov. cn)、中国水稻信息网(www. chinariceinfo. com)、国家水稻数据中心(www. ricedata. cn)、中国水产频道(www. fishfirst. cn)、水产养殖网(www. shuichan. cc)、水产门户网(www. bbwfish. com)、中国农业机械网(www. agronj. com)、三农网(www. 3nong. com)、惠农网(www. cnhnb. com)、中国农业信息网(www. agri. cn)、农视网(www. ntv. cn)、中国水产学会(www. csfish. org. cn)、中国农村网(www. crnews. net)、科技创新网(www. kjcx. ac. cn),以及相关国省级科研项目网等等。

(编写者:陈友明)

149. 如何建设稻田生态种养领域信息网?

建立一个专业网站需提供网络创办人身份信息,申请注册域名与租用空间,经省级网络内容服务商(ICP)备案。一般,稻田生态种养领域信息网委托专业的信息技术公司开发维护或委托开发、自主维护或自主开发、自主维护。由于稻田生态种养涵盖的学科专业较多,涉及面广,信息量大,因而建设稻田生态种养领域信息网宜以水稻种植和水产畜禽动物养殖为重点,从种植和养殖两个板块入手架构网站内容体系。

(1)种植板块 主要包括行业资讯(包括政策、法规、标准等)、行业综合(水稻种子、肥料、农药、农机、热点技术等)、水稻品种选介、水稻生产、科技成果、技术推广(品种筛选、机插栽培、精确施肥、病虫草害防控、精确灌溉等)、品牌文化(节庆、节日、民俗等)、典型案例、科普教育、市场信息、互动交流、短信平台等。

(2)养殖板块 主要包括行业资讯(包括政策、法规、标准等)、行业综合（苗种、饲料、渔药、兽药、水产畜禽动物养殖设备、热点技术等）、水产畜禽动物品种选介、水产畜禽动物养殖、科技成果、技术推广（苗种繁育、病害防治、养殖技术与管理等）、品牌文化（节庆、节日、民俗等）、典型案例、科普教育、市场信息、互动交流、短信平台等。

（编写者：陈友明）

150. 国内已出版的稻田生态种养著作或科普读物有哪些?

稻田生态种养是种养高效结合的生态农业种养模式之一[20]。国内已出版的相关著作、科普读物、培训教材或案例汇编多达30余种，其中具有行业代表性、内容相对权威性的书目见表2。

表2　稻田生态种养相关著作与科普读物

序号	书名	主编或作者	出版社	出版时间
1	小龙虾稻田综合养殖技术	邹叶茂、张崇秀	化学工业出版社	2015年10月
2	稻田生态养鳖技术	邹叶茂、郭忠成、周巍然	化学工业出版社	2015年10月
3	稻田生态综合种养理论与实践	高光明、袁建明、周汝珍	中国农业科学技术出版社	2016年5月
4	稻田养殖黄鳝泥鳅	占家智、哈传勋、羊茜	科学技术文献出版社	2017年7月
5	稻田生态种养新技术	黄璜、王晓清、杜军	湖南科学技术出版社	2017年11月
6	稻田种养生态农业模式与技术	曹凑贵、蔡明历	科学出版社	2017年12月
7	稻田养殖龙虾100问	占家智、奚业文、羊茜	海洋出版社	2018年3月
8	稻渔综合种养新模式新技术系列丛书:稻青虾综合种养技术模式与案例	丁雪燕、孟庆辉	中国农业出版社	2018年6月

（续）

序号	书名	主编或作者	出版社	出版时间
9	高效稻田养小龙虾	成都市农林科学院组编（李良玉、陈霞）	机械工业出版社	2018 年 10 月
10	稻渔综合种养新模式新技术系列丛书：稻鱼综合种养技术模式与案例（平原型）	杜军、刘亚、周剑	中国农业出版社	2018 年 11 月
11	稻渔综合种养新模式新技术系列丛书：稻鱼综合种养技术模式与案例（山区型）	田树魁	中国农业出版社	2018 年 11 月
12	稻渔综合种养新模式新技术系列丛书：稻鳖综合种养技术模式与案例	何中央	中国农业出版社	2019 年 1 月
13	图说稻田小龙虾高产高效养殖关键技术	占家智、羊茜、汪永忠	河南科学技术出版社	2019 年 2 月
14	稻田高效生态种养模式与技术（修订版）	湖南省农学会（夏胜平、薛灿辉）	湖南大学出版社	2019 年 4 月
15	鱼·泥鳅·蟹·蛙·鳖稻田综合种养一本通	成都市农林科学院组编（李良玉、魏文燕）	机械工业出版社	2019 年 5 月
16	稻田生态综合种养新技术	孙皓	中国农业科学技术出版社	2019 年 6 月
17	稻渔综合种养新模式新技术系列丛书：稻鳅综合种养技术模式与案例	奚业文、占家智、白志毅	中国农业出版社	2019 年 6 月
18	稻渔综合种养新模式新技术系列丛书：稻蟹综合种养技术模式与案例	刘忠松、刘学光、朴元植	中国农业出版社	2019 年 7 月

（续）

序号	书名	主编或作者	出版社	出版时间
19	小龙虾稻田高效养殖技术	邹叶茂、向世雄、陈朝	化学工业出版社	2019 年 7 月
20	轻轻松松稻田养鱼蛙虾蟹	占家智、羊茜	化学工业出版社	2019 年 9 月
21	稻渔综合种养新模式新技术系列丛书：稻渔综合种养技术模式与案例	肖放、陈欣、成永旭	中国农业出版社	2019 年 9 月
22	稻渔综合种养新模式新技术系列丛书：稻小龙虾综合种养技术模式与案例	马达文	中国农业出版社	2019 年 11 月
23	生态型种养结合原理与实践	陈欣、唐建军、胡亮亮	中国农业出版社	2019 年 12 月
24	图说"一稻三虾"高效绿色种养	张家宏	江苏凤凰科学技术出版社	2020 年 5 月
25	家庭农场生态种养丛书：肉鸭稻田生态种养新技术	傅志强、龙攀、徐莹、余政军	湖南科学技术出版社	2020 年 6 月

（编写者：陈友明）

151. 国内稻田生态种养领域的重点科研机构有哪些？

稻田生态种养涵盖了以育种、栽培、农机、土壤肥料、植保、加工等为主的水稻种植业和以养殖品种、苗种繁育、营养饲料、病害防控等为主的水产畜禽动物养殖业，还涉及稻田生态种养系统中的资源环境、农田水利、农业经济、农业信息、人工智能等学科。国内建有中国稻渔综合种养产业协同创新平台。全国稻田生态种养领域的重点科研机构主要有：

（1）相关院校　包括上海海洋大学、浙江大学、扬州大学、南京农业大学、华中农业大学、湖南农业大学、沈阳农业大学、长江大学、吉林农业大学、江西农业大学等高等院校。

（2）研究机构　包括中国科学院水生生物研究所、中国水产科学研究院（淡水渔业研究中心、珠江水产研究所）、江苏省淡水水产研究所、上海市水产研究所、广西水产科学研究院、湖北省水产科学研究所、湖南省水产科学研究所、四川省水产研究所、江西省水产科学研究所、中国水稻研究所、江苏省农业科学院、安徽省农业科学院等研究机构。

（3）推广机构　包括全国水产技术推广总站、黑龙江省水产技术推广总站、江苏省渔业技术推广中心、江苏省农业技术推广总站、浙江省水产技术推广站、安徽省水产技术推广总站、湖北省水产技术推广总站、湖北省潜江市水产局、重庆市水产技术推广总站、四川省水产技术推广总站、江西省水产技术推广总站、云南省水产技术推广站、宁夏回族自治区水产技术推广站等农业或渔业（水产）技术推广机构。

此外，还有一些从事稻田生态种养领域的种子、种苗（雏）、肥料、饲料、农药、渔药、兽药、农机等产品研发与示范推广的科研机构及相关企业。

（编写者：陈友明）

152. 国内已取得的稻田生态种养领域公开的发明专利有哪些？

稻田生态种养已成为农业供给侧结构性改革与绿色高质量发展的热点领域，激发了科研人员创造创新的活力，获得了一批授权发明专利（表3）。

153. 国内已取得的稻田生态种养领域的科技成果有哪些？

近年来，国内科研机构以提高稻田综合效益、促进农业增效农民增收为目标，在稻田生态种养领域因地制宜地开展了大量研究工作，取得了重要的科技创新成果，推动了稻田生态种养产业转型升级。据"中国科技项目创新成果鉴定意见数据库"，表4列举了近10年来稻田生态种养领域通过验收或鉴定的主要科技成果。

表 3　稻田生态种养领域相关授权发明专利

序号	发明专利名称	专利权人	授权公告日	内容摘要
1	一种稻田养殖补钙的克氏原螯虾的方法	金寨县金圩龙虾养殖专业合作社	2014年6月11日	该发明公开了一种稻田养殖补钙的克氏原螯虾的方法。养殖技术步骤如下：稻田改造与建设、清理消毒、合理施肥、适时插秧、投放有益生物，在虾沟内投放树枝和移植水生植物，投放虾食和捕捞成虾，向稻田内投放特殊配方的虾食。本发明方法根据龙虾的生活习性安排养殖步骤，提高了龙虾产量，而且通过龙虾食用可以提高其身上钙元素的含量，使得产出的克氏原螯虾可以为人体提供大量钙元素，对缺钙人群的身体健康非常有益。
2	稻虾共作生态养殖系统及养殖方法	常熟市银湖生态农业有限公司	2014年11月5日	该发明提供了一种稻虾共作生态养殖系统及养殖方法。其利用自然界生物循环系统、单季种植水稻、冬季种植养鸡、利用田沟养殖河虾捕食稻田中的敌害生物，避免了化肥农药的使用、净化水质、降低污染，利用动植物之间的互补作用进行稻虾连作，实现稻虾养殖并重，稻米和虾无公害，绿色环保，社会经济效益、社会效益和环境效益同步，构建了稻虾连作生态养殖技术体系，实现经济效益同步进行。
3	一种稻田沟渠一体化稻田鱼生态高值种养方法	湖南农业大学	2015年4月15日	该发明公开了一种稻田沟渠一体化稻田鱼生态高值种养方法，其包括如下步骤：稻田园化及围栏设置、稻田耕整、水稻移栽、甲鱼投放与同管理、水稻甲鱼适时收获。本发明的优点：优化稻田景观不破环稻田结构，优化稻田渠基础工程不破环稻田基础为鳖提供优良生长环境；采用梯式栽培方法增加种养密度；极大地增加稻田单位面积经济效益。

（续）

序号	发明专利名称	专利权人	授权公告日	内容摘要
4	一种稻田养殖黄颡鱼的方法	苏州市阳澄湖现代农业发展有限公司	2015年7月29日	该发明提供了一种稻田养殖黄颡鱼的方法，选择地面开阔，地势平坦，保水性好，避风向阳，环境安静，交通便利，电力配套的田块，底质为黏土，底部淤泥15厘米左右，进排水方便，在排水口端底部挖出比其他地方深20厘米左右大小，便于排水与成鱼捕捞时使用，池塘进、排水口安装40目防逃网；在投放鱼种前10天，清塘消毒。放养时间选择在5～6月，一般每亩可投放30克/尾的黄颡鱼种1 500～2 500尾，并可搭配50克/尾的花白鲢200尾左右。所放鱼种应要求规格整齐、色泽鲜艳，体表光滑，无病无伤，鳍无残缺，体质健壮，入池前常用3%～4%食盐水浸洗10分钟。
5	一种稻田生态种养方法	湖北省水产技术推广中心	2015年10月28日	该发明提供了一种在稻田中循环地进行克氏原螯虾养殖和种植水稻的虾稻共作方法：步骤包括：稻田准备，虾种投放，成虾投喂，水稻栽培，稻田管理和成虾捕捞，以及亲虾留存。其中，稻田环沟即对稻田环沟消毒并种草；亲虾留存是在虾稻捕捞后期，确保亲虾存田，用作下一年繁殖的亲虾。
6	一种稻田立体复合种养鸭和虾的方法	湖北虾乡食品有限公司	2017年8月15日	该发明公开了一种稻田立体复合种养鸭和虾的方法，包括以下步骤：稻田准备-选择稻种、雏鸭和虾-成虾捕捞。本发明提供的产品结构多样化，经济效益高，且该方法能利用鸭和虾的生态适应性强，依据该方法获得的产品结构多样化，经济效益高，且该方法能利用鸭和虾预防水稻病虫草害，可减少农药和化肥的使用，有益于减轻对环境的污染，还能降低种植成本。

（续）

序号	发明专利名称	专利权人	授权公告日	内容摘要
7	一种提高稻虾共作模式下土地利用率的方法	·湖北省农业科学院植保土肥研究所	2018年1月5日	该发明提供了一种提高稻虾共作模式下土地利用率的方法。其步骤为：（1）环形沟移栽水生植物。在5—7月，在环形沟内栽植黑藻或金鱼藻或眼子菜沉水性水生植物。（2）田更顶面种植水生作物。a. 整地施肥。结合整理耕地将部分肥料作基肥施入。b. 第一季作物。在5—6月上旬，进行玉米或大豆等抗逆性较强农作物播种。在8月下旬至9月下旬收获大豆或芝麻或大豆。c. 第二季作物。至9月下旬至10月上旬，播种豆科绿肥或油菜。d. 田间管理。沟厢配套，确保能排能灌；按常规田间管理适时间苗，定苗；中耕除草；看苗管理、控促结合，适时追肥。本发明有效提高了土地利用率。
8	一种稻虾共作生态养殖方法	福娃集团有限公司	2018年11月30日	该发明提供了一种稻虾共作生态养殖方法，属农作物及水产养殖技术领域。本发明通过稻虾生态养殖场区的建设、种虾投放、成虾捕捞，水稻种植实现稻虾共作，本发明不改变土地的使用性质，没有污染水体、气体，物品的排放，因而对自然环境没有不良影响。此外，本发明的稻虾共作，不仅提高土地利用率，对生态良性循环也具有特别重要的示范作用。
9	一种小龙虾温室育苗装置及稻田种养循环方法	江苏鸿丰生物科技有限公司	2018年12月7日	该发明公开了一种小龙虾温室育苗及稻田种养循环方法，包括温室、骨架、调温器、稻田、充氧泵、通道、投料池、养殖池、幼苗投放池、幼苗繁育技术闸门。实现分批出苗。本发明的有益效果是：稻田养殖小龙虾的适宜水稻品种筛选；经济效益显著；由于小龙虾食性杂的特点，在养殖过程中小龙虾能消灭稻田中的虫卵、幼虫，从而减轻稻田虫害的发生，减少稻田的用药量和施药次数，提高农产品质量安全；还能利用小龙虾大量摄食秸秆，有效改善稻田湿地水质，有利于我国农业生态环境的保护。通过秋冬季养殖小龙虾能有效提高土地利用率、增加农民收入，社会生态效益十分显著，适合推广。

（续）

序号	发明专利名称	专利权人	授权公告日	内容摘要
10	稻虾共生防天敌绿色立体种养方法	安庆市义云农业有限责任公司	2019年9月3日	该发明提供了一种稻虾共生防天敌绿色立体种养方法，包括以下步骤：（1）整田。在稻田周围开干相互贯通的沟槽，所述限位框内被分隔为多个不同的功能区。（2）向沟槽内注水，并在功能区内分别种植多种水生作物。（3）向稻田播种水稻秧苗。（4）投放第一季虾苗。其主要工作是投放小龙虾饵料和水面管理，第二季成虾捕捞。（5）田间管理阶段。本发明可实现稻、虾、水生作物共生，模拟原生环境，并可营造绿色立体种养，可通过生物手段防治水稻害虫，减少农药施用，可同时种植水生观赏作物，实现增产增收。（6）水稻收割，防范小龙虾天敌，水生经济作物，水生观赏作物，实现增产增收。
11	一种稻-虾-鳅耦合养殖方法及稻田综合种养模式	湖北省水产科学研究所	2019年9月24日	该发明提供了一种稻-虾-鳅耦合养殖方法及稻田综合种养模式。其主要涉及养殖技术领域。该方法利用稻田空闲时同移植水草作为饲料资源，降低人工饲料和泥鳅喂食，同时利用水稻，尤其是晚稻的生长周期，提升了克氏原螯虾的商品规格和稻田养殖产量。（主要是克氏原螯虾）的养殖时间，泥鳅的上市规格及生长周期均特点。针对克氏原螯虾，泥鳅的上市规格及生长周期，采用不同方式进行捕捞，避免商品泥鳅的损耗，提高了稻田综合种养模式的一次创新，能够提高稻-渔耦合养殖的经济效益，具有一定的推广应用价值。
12	一种稻田套养泥鳅的方法	泉州开云网络科技服务有限公司	2019年9月24日	该发明涉及一种稻田套养泥鳅的方法。其技术方案是包括以下步骤：（1）设施建造。（2）稻田地排碱。首先在稻田内每隔1.0～1.5米铺设排碱管，排碱管中部高，两端低，使碱水能及时排空到稻田地四边的水沟中，并且在排碱管外侧包裹粗布，后在排碱管的下部没有石硝层，然后，在稻田地里加水，水加到稻田地水盐度在1.5%以下。（3）稻田地施肥捕秧。（4）稻田地投放泥鳅苗，循环多次，直至有效益。（5）定期测量盐度。本发明的有益效果是：改变了以往在盐碱地产量低，经济效益低的局面，充分有效地开发利用盐碱地，给农民带来更大效益，水稻又能给泥鳅提供阴凉的水体环境，两者相互结合相互促进。

（续）

序号	发明专利名称	专利权人	授权公告日	内容摘要
13	一种稻虾连作控制稻田杂草的养殖方法	安徽和县明信水产养殖专业合作社	2020年2月7日	该发明提供了一种稻虾连作控制稻田杂草的养殖方法，包括以下步骤：(1) 繁育苗种。稻田中的低洼连田面始终浸泡在水中，留置小龙虾在此区域完成交配、产卵和孵化，实现苗种的自繁自养。(2) 暴晒垡田。其余田面经过长期暴晒至土壤干裂。(3) 灌水淹清、虾苗迁移。(4) 控制饲料投喂，诱导小龙虾的捕捞。(5) 成品小龙虾，稻田水稻收割后彻底暴晒杀灭病原菌，有效预防小龙虾病害，灌水淹青，使小龙虾能够摄食，控制饲料投喂，诱势低洼连田的区域繁育苗种，导小龙虾摄食杂草田间杂草，从而将香菜娘等有害杂草转化成优质小龙虾产品。
14	一种春季小龙虾大规格苗种的稻田提早繁育方法	华中农业大学	2020年4月3日	该发明公开了一种春季小龙虾大规格苗种的稻田提早繁育方法。包括稻田同工程改造、水草种养、亲虾投放、饲料投喂，水质管理和水位管理等步骤。本发明能在早春3月繁育出大规格小龙虾苗，从而避开了病害爆发的高峰期，提高了小龙虾整体占比提高到40%以上的产量和质量。同时本发明将5克以上的大规格小龙虾苗占比提高到40%以上，且能显著提高小龙虾苗的总产量。具有较大的生态、经济和社会效益。
15	一种稻田小龙虾交叉投苗养殖三茬方法	和县明信水产养殖专业合作社	2020年4月7日	该发明提供了一种稻田小龙虾交叉投苗养殖三茬方法，包括以下步骤：(1) 将低洼稻田改造成深水区和浅水区，前一年11月收割水稻后至当年3月底，放干稻田的存水；之后在浅水草区进行水草种植，形成水草种植。(2) 引水灌田，使深水区水稻田水深大于1.5米，浅水区水深小于0.6米；4月初开始，深水区设置网箱养小龙虾苗种，进行交叉投苗，养殖3茬小龙虾。(3) 饲料分类投喂；网箱内投养苗种饲料、网箱外投喂成虾饲料。本发明充分利用稻田水空间和水体，提高小龙虾养殖成活率，提高稻田单位面积小龙虾的养殖产量，对提高稻田单位面积小龙虾产量和经济效益意义重大。

（续）

序号	发明专利名称	专利权人	授权公告日	内容摘要
16	一种早稻再生稻田高密度养鸭系统及养鸭方法	湖南农业大学	2020年5月12日	该发明公开了一种早稻再生稻田高密度养鸭系统及养鸭方法。所述养鸭系统包括开设在稻田内的稻田沟系，所述稻田沟系内设置第一岛和第二岛。本发明显著提高了单位面积稻田的养鸭密度，养鸭密度由15~30只/亩至90~100只/亩，显著增加了单位养鸭数量，提高了单位产值；同时通过稻田景观的改变，解决了鸭群体进入稻田过程中的拥堵、踩踏，进而造成局部水稻秧苗破坏严重问题。
17	稻渔共生模式下利用沼肥在稻田中进行养鱼的方法	成都市农林科学院	2020年5月19日	该发明公开了稻渔共生模式下利用沼肥在稻田中进行养鱼的方法，包含以下步骤：(1)稻田整理消毒。(2)施基肥。(3)秧苗移栽。(4)开挖鱼沟。(5)泼洒沼液肥。(6)投放鱼苗。(7)泼洒沼液肥。(8)追肥。(9)日常管理。定期进行水体溶解氧，pH和硫化氢进行测定，保证秧田中水体溶解氧不低于8毫克/升，pH为6.6~7.2。(10)收割，水稻成熟后进行收割，鱼类生长成熟后，对鱼类进行捕捞。本发明的有益效果为：利用沼肥在稻田中进行养鱼，提高了水稻产量，促使水稻增产，稻田鱼增收，增加了养殖户收益、提高了沼肥的有效利用率。

（编写者：陈友明）

表 4　稻田生态种养领域通过验收或鉴定的主要科成果

序号	成果名称	第一完成单位	技术成果简介	鉴定时间
1	稻蟹生态种养新技术研究与示范推广	宁夏回族自治区水产研究所	该技术成果就稻蟹生态种养系统中的生态环境、生物群落组成、水稻种植、河蟹养殖等多方面进行了研究和技术攻关，集成创新了一套稻蟹生态种养技术，在稻蟹生态种养的水稻种植和河蟹养殖方面取得了关键技术的重大突破；首次在国内创建了基于基于双沟耦合型田间工程和水稻宽窄行栽培方式的三元立体稻田蟹养殖水环境，"四防"半自然型春季河蟹栖息培育环境，优化了稻田蟹养殖基础环境，为系统中水稻栽培技术的发展提供了科学依据；首次在国内开展幼蟹春季培育技术并成功实施，配套水稻早育早插技术，延长了稻蟹共作期；首次在宁夏地区开展河蟹配合饲料的研究，通过特殊加工工艺的研究，实现河蟹同料生产本地化。在 13 个县（市、区）建立了 37 个亩以上稻蟹生态种养示范基地，累计推广 14.94 万亩，累计增收 2.11 亿元。成蟹亩产 25.8～26.1 千克，养蟹稻田纯收入是单作模式的 3.07 倍，经济、社会、生态效益显著。	2012 年
2	稻蟹生态养殖技术试验与示范	天津市水产技术推广站	该成果主要通过对稻田水利设施等进行改造，实施稻鳖立体化生态养殖和稻田水产养殖业的有效对接，利用"一水两用、一地双收"的效果，有效地促进了单位土地产出效益最大化，优化了农业生态环境，推动绿色农产品生产的发展，增强了市场竞争力。完成稻田改造 11 600 亩，实现综合总产量 718.0 万千克，稻鳖、稻鳅、稻鳝、稻罗非鱼立体化养殖模式 5 种，实现综合总产值 4 094.1 万元，综合总效益 1 954.7 万元，亩效益 695 元，稻蟹产量 655.4 万千克，综合总产值 806.2 万元，亩产量 565 千克，亩效益 695 元，稻蟹增产 25 千克，亩增效 55 元，各种水产品总产量 62.6 万千克，总利润 1 148.5 万元，其中稻鳖生态养殖 200 亩，中华鳖亩产量 108.3 千克，亩效益 4 264 元，综合亩效益 4 959 元，亩新增效益 4 319 元。	2012 年

（续）

序号	成果名称	第一完成单位	技术成果简介	鉴定时间
3	虾稻生态种养技术集成与示范	湖北省水产技术推广中心	该技术成果通过耦合虾稻连作技术和稻虾共生技术、采用田间工程优化技术、留种种养技术、水位控制等技术方法。首次采用集成虾稻田生态技术，实现小龙虾苗种繁育的田间工程优化，虾稻共生、田间工程优化，破解了小龙虾苗种繁育的瓶颈问题；首次采用在稻田内沟内侧增建小田更的方法优化田间工程，为小龙虾漏洞洞提供更多的环境条件，以利留种保种。通过在稻田内养殖小龙虾使稻田飞虱、纹枯病的发病率和杂草密度大大降低，农药和化肥使用量明显下降，稻田生态环境得到显著改善。	2014年
4	鳖虾鱼稻生态种养"三高"技术研究	湖北省水产技术推广中心	该技术成果开展了水生动物养殖品种搭配技术、田间工程优化技术和水稻病虫害综合防控技术研究；比较分析了生态种养对稻田土壤主要营养元素以及稻谷品质的影响；形成了《鳖虾鱼稻生态种养技术规范》省级标准，实现了亩稻田减少农药化肥施用成本173元，综合经济效益1万元以上。	2015年
5	稻田稳粮增渔环保综合种养研究与推广	安徽省水产技术推广总站	该项目系统研究了小龙虾、泥鳅、中华鳖在稻田连作、共生关键技术，筛选出适合该模式的天协1号、皖稻96等水稻品种，以及氯虫苯甲酰胺、阿维菌素等高效低毒药剂，建立了与稻田养鱼模式下土壤肥力状况。对稻田综合种养进行全面系统研究，证明稻田小龙虾种养殖配套的田间养殖工程技术标准，探明了水稻机械化生产相配套的田间养殖工程技术标准，证明稻田浅水生态系统适宜小龙虾等水产品养殖；研制了水稻-小龙虾、水稻-泥鳅、水稻-中华鳖3种综合种养模式，整体技术水平处于国内领先。	2016年

（续）

序号	成果名称	第一完成单位	技术成果简介	鉴定时间
6	泥鳅人工繁育和稻田生态养殖技术研究	广西壮族自治区水产引育种中心	该技术成果以泥鳅为研究对象，开展了泥鳅生物学研究、不同浓度丁香油的麻醉效果研究、不同催产药物的催产效果研究、不同水温的受精卵孵化效果研究、不同开口饵料对苗种成活和生长的研究、池塘育苗技术研究和不同规格不同放养密度的稻田生态养殖试验，建立了一套适宜广西的泥鳅人工繁育和稻田生态养殖技术；建立泥鳅稻田生态养殖面积30亩，水稻亩产均为427.5千克/亩，泥鳅平均亩产量为64.3千克/亩。	2016年
7	稻渔综合种养产业关键技术研究与应用	四川省农业科学院水产研究所	该项目创新、集成和推广了水稻种植、水产养殖、种养茬口衔接、施肥、病虫害防控、水质调控、田间工程、捕捞、质量控制等9项关键技术，提出了水稻持续稳产情况下综合种养的技术要求，构建了病虫草害防控技术体系，大幅度减少了化肥、农药和除草剂的使用量。筛选出适宜不同地区稻渔综合种养模式的优质水稻品种和水产品种38个，创建了"稻鱼共作""稻鳅共作"6类19个生态健康种养模式，建立了"稻虾共作+轮作""稻蟹共作"完善的健康种养技术规范，实现稻渔综合种养效益评价的标准方法体系，制定了行业技术标准。实现稻渔产业化与标准化相结合的推广机制。相关技术应用后水稻亩产稳定在450千克以上，水产品产量保持在100~150千克/亩，稻渔增收100%以上，大幅度减少了化肥、农药和除草剂的使用量。稻渔种养有机产品和无公害产品获得有机公害产品认证证书共12个。社会经济生态效益，促进了"三产融合"，打造了"逸品大唐""婴儿粥米"，"黄金甲"等有机和无公害产品，成果在全国多省市（区）推广，四川省累计示范推广206万亩，近三年新增直接经济效益173.1亿元。其中，新增直接经济效益62.4亿元。	2017年

（续）

序号	成果名称	第一完成单位	技术成果简介	鉴定时间
8	稻渔综合种养生态系统构建、技术规范与应用	浙江大学	该成果通过长期定位研究，探明了稻渔共生系统在降低农药和化肥使用、维持土壤肥力和稳定水稻产量等方面的效应；明确了水稻群体与渔群之间协同配置和稻田空间布局是影响稻渔系统共生效应的两个关键因子；通过稳定性同位素和分子生物学相结合等方法，揭示了生物过程发生草发生降低，稻田碳氮资源在生物之间的互惠利用是稻渔共生系统稳定的重要机理；在机理研究基础上，结合产业化需求，通过对稻渔系统田间设施改良、水稻品种和鱼的遗传类型筛选、水稻和鱼的群体开展关键技术研究、和化肥-氮/氮的合理配置，延长稻鱼共生期的品种配置再生稻绿色和可持续发展的稻渔共生技术模式，建立了稻渔共生系统技术体系。集成了绿色和可持续发展的稻渔共生技术模式。该技术模式经多年多点示范验证，表现出水稻产量稳定，化肥氮减少30%和土壤氮磷维持较好的效应。技术成果在浙江、福建、江西和安徽四省推广应用，近三年（2016—2018年）累计应用面积266.2万亩，累计产值134.4亿元，增收70.8亿元，产生了显著的社会经济效益和生态效益。	2019年
9	稻渔立体种养技术集成与推广	天津市水产技术推广站	该项目通过相关技术的示范、集成与推广，带动天津地区稻渔立体种养的进一步发展，提高稻田资源的利用率，促进农业增效，农民增收。项目完成稻田用工程改造面积900亩，开展了稻蟹、稻鱼、稻虾等立体种养的示范，设计并实施了不同养殖密度养殖、边沟、泥鳅等水产动物的培育及示范养殖。开展了中华绒螯蟹光合1号河蟹、青虾、草金鱼、围田扣蟹等动物的培育及示范养殖，取得了较好的示范效果。水稻平均亩产647.4千克，亩产值2118.7元；水产品亩产1070.0元；亩产值961.7元；综合亩效益3080.4元。综合亩增效益770.0元。筛选适宜宝坻区稻渔立体种养技术要点和稻蟹生态种养技术要点和稻蟹生态立体种养技术要点。	2019年

（编写者：陈友明）

154. 稻田生态种养产品出口贸易状况如何？

在新冠疫情冲击、物流成本剧增、贸易争端阻碍、技术壁垒森严等的背景下，全球出口贸易遭遇巨大压力和挑战。然而，根据商务部信息，2020 年我国在稳外贸、稳外资方面出台的相关措施起到了关键作用，外贸逆势增长、好于预期。

在绿色发展理念的指引和加持下，我国稻田生态种养产品正由传统的高产量特征转向高品质特征，产品的国内国际双循环竞争力日益提升，出口贸易创汇潜力巨大。据《中国小龙虾产业发展报告》，以稻田生态种养紧密相关的淡水小龙虾为例，2018、2019 年其出口贸易情况如下：

（1）2018 年 出口美国的淡水小龙虾 5 491.84 吨，出口额9 625 万美元；出口丹麦、瑞典、荷兰等欧洲国家的淡水小龙虾4 290.98 吨，出口额 7 663 万美元；出口日本的淡水小龙虾199.4 吨，出口额 412 万美元。可见，美国和欧洲国家占我国淡水小龙虾出口市场最大份额，达 90% 以上。

（2）2019 年 我国共出口冷冻淡水小龙虾或虾仁 1.49 万吨，同比增长 49%；出口额 1.68 亿美元，同比减少 10.64%，出口单价总体下降。前三位出口国分别是美国、丹麦和荷兰，出口额之和达1.28 亿美元，占我国淡水小龙虾出口额的 76.2%。

目前尚缺少稻田生态种养其他产品的出口贸易状况的基础数据，更缺乏针对这些基础数据的系统分析，影响稻田生态种养产品出口贸易的关键因素尚不明确，有待继续关注研究。

（编写者：陈友明）

155. 稻田生态种养产品出口贸易中可能遇到哪些贸易技术壁垒？

除近年愈演愈烈的关税壁垒外，动植物及其产品的检验和检疫措施（SPS）、包装和标签及标志要求、绿色壁垒、信息技术壁垒等贸易技术壁垒也深刻影响着稻田生态种养产品出口贸易。

我国生产的稻田生态种养产品主要是劳动密集型产品和初加工产

品，常因产品卫生、农渔兽药残留、重金属含量超标及认证认可、包装标签等问题遭到贸易技术壁垒限制。为了破解上述贸易技术壁垒，我国出口的稻田生态种养产品需做到：坚持绿色发展理念，提升稻田生态种养基地建设与产品质量安全水平；坚持高质量发展理念，提高产品品质与市场竞争力；坚持技术创新，改进包装标签制度，发展精深加工产品；坚持国内国际双循环理念，实施开放性多元化市场战略，促进新消费；坚持质量管理和质量保证理念，产品申请国际认证，建立产品全程可追踪可溯源制度，并参与制定国际标准；坚持以人为本、以才为基理念，培养与国内国际双循环相契合的稻田生态种养全产业链新农科人才。

（编写者：陈友明）

六、标准篇

156. 稻田生态种养领域现行的国家标准有哪些?

《中华人民共和国标准化法》(1988 年 12 月 29 日第七届全国人民代表大会常务委员会第五次会议通过,2017 年 11 月 4 日第十二届全国人民代表大会常务委员会第三十次会议修订)规定,对保障人身健康和生命财产安全、国家安全、生态环境安全以及满足经济社会管理基本需要的技术要求,应当制定强制性国家标准;对满足基础通用、与强制性国家标准配套、对各有关行业起引领作用等需要的技术要求,可以制定推荐性国家标准。稻田生态种养经营者应坚持"有标采标、无标创标、全程贯标"原则。

根据国家标准全文公开系统(http://openstd.samr.gov.cn/bzgk/gb/index),涉及稻田生态种养领域现行的国家标准见表 5。

表 5　涉及稻田生态种养领域现行的国家标准

领域	标准号与标准名称
环境	GB 3095—2012《环境空气质量标准》
	GB 3838—2002《地表水环境质量标准》
	GB 15618—2018《土壤环境质量 农用地土壤污染风险管控标准(试行)》
	GB/T 22339—2008《农、畜、水产品产地环境监测的登记、统计、评价与检索规范》
水稻	GB 1350—2009《稻谷》
	GB/T 1354—2018《大米》
	GB 4404.1—2008《粮食作物种子 第 1 部分:禾谷类》
	GB/T 17109—2008《粮食销售包装》

（续）

领域	标准号与标准名称
水稻	GB/T 17891—2017《优质稻谷》
	GB/T 18824—2008《地理标志产品 盘锦大米》
	GB/T 19266—2008《地理标志产品 五常大米》
	GB/T 20040—2005《地理标志产品 方正大米》
	GB/T 20569—2006《稻谷储存品质判定规则》
	GB/T 20864—2007《水稻插秧机 技术条件》
	GB/T 21015—2007《稻谷干燥技术规范》
	GB/T 22438—2008《地理标志产品 原阳大米》
	GB/T 22499—2008《富硒稻谷》
	GB/T 26630—2011《大米加工企业良好操作规范》
	GB/T 27959—2011《南方水稻、油菜和柑橘低温灾害》
	GB/T 36869—2018《水稻生产的土壤镉、铅、铬、汞、砷安全阈值》
	GB/T 37744—2019《水稻热害气象等级》
畜牧	GB/T 5916—2008《产蛋后备鸡、产蛋鸡、肉用仔鸡配合饲料》
	GB/T 19664—2005《商品肉鸡生产技术规程》
	GB/T 19676—2005《黄羽肉鸡产品质量分级》
	GB/T 22544—2008《蛋鸡复合预混合饲料》
	GB/T 29387—2012《蛋鸭生产性能测定技术规范》
	GB/T 29389—2012《肉鸭生产性能测定技术规范》
水产	GB/T 4789.20—2003《食品卫生微生物学检验 水产食品检验》
	GB/T 5009.45—2003《水产品卫生标准的分析方法》
	GB/T 5055—2008《青鱼、草鱼、鲢、鳙 亲鱼》
	GB/T 9956—2011《青鱼鱼苗、鱼种》
	GB/T 11776—2006《草鱼鱼苗、鱼种》
	GB/T 11777—2006《鲢鱼苗、鱼种》
	GB/T 11778—2006《鳙鱼苗、鱼种》
	GB/T 15806—2006《青鱼、草鱼、鲢、鳙鱼卵受精率计算方法》
	GB/T 16873—2006《散鳞镜鲤》
	GB/T 16875—2006《兴国红鲤》
	GB/T 17715—1999《草鱼》
	GB/T 17716—1999《青鱼》
	GB/T 18654.1—2008《养殖鱼类种质检验 第1部分：检验规则》
	GB/T 18654.2—2008《养殖鱼类种质检验 第2部分：抽样方法》

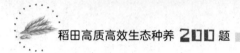

（续）

领域	标准号与标准名称

GB/T 18654.3—2008《养殖鱼类种质检验　第3部分：性状测定》

GB/T 18654.4—2008《养殖鱼类种质检验　第4部分：年龄与生长的测定》

GB/T 18654.5—2008《养殖鱼类种质检验　第5部分：食性分析》

GB/T 18654.6—2008《养殖鱼类种质检验　第6部分：繁殖性能的测定》

GB/T 18654.7—2008《养殖鱼类种质检验　第7部分：生态特性分析》

GB/T 18654.8—2008《养殖鱼类种质检验　第8部分：耗氧率与临界窒息点的测定》

GB/T 18654.9—2008《养殖鱼类种质检验　第9部分：含肉率测定》

GB/T 18654.10—2008《养殖鱼类种质检验　第10部分：肌肉营养成分的测定》

GB/T 18654.11—2008《养殖鱼类种质检验　第11部分：肌肉中主要氨基酸含量的测定》

GB/T 18654.12—2008《养殖鱼类种质检验　第12部分：染色体组型分析》

GB/T 18654.13—2008《养殖鱼类种质检验　第13部分：同工酶电泳分析》

GB/T 18654.14—2008《养殖鱼类种质检验　第14部分：DNA含量的测定》

GB/T 18654.15—2008《养殖鱼类种质检验　第15部分：RAPD分析》

GB/T 19163—2010《牛蛙》

GB/T 19164—2003《鱼粉》

水产　GB/T 19783—2005《中华绒螯蟹》

GB/T 19838—2005《水产品危害分析与关键控制点（HACCP）体系及其应用指南》

GB/T 19957—2005《地理标志产品 阳澄湖大闸蟹》

GB/T 20014.13—2013《良好农业规范　第13部分：水产养殖基础控制点与符合性规范》

GB/T 20014.14—2013《良好农业规范　第14部分：水产池塘养殖基础控制点与符合性规范》

GB/T 20014.15—2013《良好农业规范　第15部分：水产工厂化养殖基础控制点与符合性规范》

GB/T 20014.16—2013《良好农业规范　第16部分：水产网箱养殖基础控制点与符合性规范》

GB/T 20014.17—2013《良好农业规范　第17部分：水产围栏养殖基础控制点与符合性规范》

GB/T 20014.18—2013《良好农业规范　第18部分：水产滩涂、吊养、底播养殖基础控制点与符合性规范》

GB/T 20014.21—2008《良好农业规范　第21部分：对虾池塘养殖控制点与符合性规范》

（续）

领域	标准号与标准名称
水产	GB/T 20014.24—2008《良好农业规范 第24部分：中华绒螯蟹围栏养殖控制点与符合性规范》 GB/T 20555—2006《日本沼虾》 GB/T 21044—2007《中华鳖》 GB/T 21325—2007《建鲤》 GB/T 22213—2008《水产养殖术语》 GB/T 24861—2010《水产品流通管理技术规范》 GB/T 26435—2010《中华绒螯蟹 亲蟹、苗种》 GB/T 26544—2011《水产品航空运输包装通用要求》 GB/T 26876—2011《中华鳖池塘养殖技术规范》 GB/T 27304—2008《食品安全管理体系 水产品加工企业要求》 GB/T 27638—2011《活鱼运输技术规范》 GB/T 29568—2013《农产品追溯要求 水产品》 GB/T 30891—2014《水产品抽样规范》 GB/T 31080—2014《水产品冷链物流服务规范》 GB/T 31270.12—2014《化学农药环境安全评价试验准则 第12部分：鱼类急性毒性试验》 GB/T 33109—2016《花鲈 亲鱼和苗种》 GB/T 34734—2017《淡水鱼类小瓜虫病诊断规程》 GB/T 34767—2017《水产品销售与配送良好操作规范》 GB/T 35941—2018《水产养殖增氧机检测规程》 GB/T 36190—2018《草鱼出血病诊断规程》 GB/T 36192—2018《活水产品运输技术规范》 GB/T 37062—2018《水产品感官评价指南》 GB/T 37689—2019《农业社会化服务 水产养殖病害防治服务规范》
饲料	GB 10648—2013《饲料标签》 GB 13078—2017《饲料卫生标准》 GB/T 17890—2008《饲料用玉米》 GB/T 19424—2018《天然植物饲料原料通用要求》 GB/T 19541—2017《饲料原料 豆粕》 GB/T 20193—2006《饲料用骨粉及肉骨粉》 GB/T 20411—2006《饲料用大豆》 GB/T 23390—2009《水产配合饲料环境安全性评价规程》

（续）

领域	标准号与标准名称
饲料	GB/T 22487—2008《水产饲料安全性评价 急性毒性试验规程》
	GB/T 22488—2008《水产饲料安全性评价 亚急性毒性试验规程》
	GB/T 22919.3—2008《水产配合饲料 第3部分：鲈鱼配合饲料》
	GB/T 22919.5—2008《水产配合饲料 第5部分：南美白对虾配合饲料》
	GB/T 23181—2008《微生物饲料添加剂通用要求》
	GB/T 23186—2009《水产饲料安全性评价 慢性毒性试验规程》
	GB/T 23388—2009《水产饲料安全性评价 残留和蓄积试验规程》
	GB/T 23389—2009《水产饲料安全性评价 繁殖试验规程》
	GB/T 23736—2009《饲料用菜籽粕》
	GB/T 32140—2015《中华鳖配合饲料》
	GB/T 36205—2018《草鱼配合饲料》
	GB/T 36782—2018《鲤鱼配合饲料》
	GB/T 36862—2018《青鱼配合饲料》

可见，涉及稻田生态种养领域现行的国家标准具有3大特点：一是推荐性标准多，强制性标准少，符合《国务院办公厅关于印发强制性标准整合精简工作方案的通知》（国办发〔2016〕3号）文件要求；二是水产标准最多，其次是水稻和畜牧标准，稻田生态种养标准甚至是空白（未见"稻渔""稻鸭""种养"等关键词国家标准）；三是标准发布实施超过5年的多（最早发布实施于1999年，距今已20多年），新制定或修订的少（"十三五"期间制定或修订的标准仅占表5标准总数的17.3%）。

（编写者：高辉）

157. 稻田生态种养领域现行的行业标准有哪些？

《中华人民共和国标准化法》规定，对没有推荐性国家标准、需要在全国某个行业范围内统一的技术要求，可以制定行业标准。行业标准由国务院有关行政主管部门制定，报国务院标准化行政主管部门备案。《国家标准化管理委员会关于印发〈关于进一步加强行业标准管理的指导意见〉的通知》（国标委发〔2020〕18号）文件指出，适量控制新增行业标准数量，鼓励进一步整合优化相关行业标准，提升单项行业标准覆盖面，增强行业标准的系统性、通用性；推动行业标准更多聚焦支撑行业主管部门履行行政管理、提供公共服务的公益属性，逐步清理和缩减不适应改革要求的行业标准数量和规模；推行行业标准备案"无纸化"，实行"即报即备""即备即公开"；2020年起新发布的行业标准文本依法全部公开，推进存量行业标准文本向社会公开；2021年年底前完成实施超过5年的行业标准复审工作。可见，该文件强调了行业标准的数量"适量控制"，强调"公益属性"，备案即时高效，依法全部公开，适时复审修订。

2017年9月30日，农业部（现农业农村部）公告第2589号批准发布了中华人民共和国水产行业标准SC/T 1135.1—2017《稻渔综合种养技术规范 第1部分：通则》，2018年1月1日起实施。该标准规定了稻渔综合种养应保证水稻稳产，技术指标应符合：平原地区水稻产量不低于500千克/亩，丘陵山区水稻单产不低于当地水稻单作平均单产；沟坑占比不超过10%；与同等条件下水稻单作对比，单位面积纯收入平均提高50%以上，单位面积化肥施用量平均减少30%以上，单位面积农药施用量平均减少30%以上，无抗菌类和杀虫类渔用药物使用。

2020年8月26日，农业农村部公告第329号批准发布了中华人民共和国水产行业标准SC/T 1135.4—2020《稻渔综合种养技术规范 第4部分：稻虾（克氏原螯虾）》、SC/T 1135.5—2020《稻渔综合种养技术规范 第5部分：稻鳖》、SC/T 1135.6—2020《稻渔综合种养技术规范 第6部分：稻鳅》。根据不同水生动物与水稻共生互促的特点特性，上述标准明确了环境条件、田间工程、水稻种植、水产养殖等方面的相关技术要求，2021年1月1日起实施。《稻渔综合种养技术规范 第2部分：稻鲤》《稻渔综合种养技术规范 第3部分：稻蟹》等种养模式的水产行业标准也在研究制定中。

（编写者：高辉）

158. 稻田生态种养领域现行的地方标准有哪些？

《中华人民共和国标准化法》规定，为满足地方自然条件、风俗习惯等特殊技术要求，可以制定地方标准。地方标准由省（自治区、直辖市）人民政府标准化行政主管部门制定；设区的市级人民政府标准化行政主管部门根据本行政区域的特殊需要，经所在地省（自治区、直辖市）人民政府标准化行政主管部门批准，可以制定本行政区域的地方标准。地方标准由省（自治区、直辖市）人民政府标准化行政主管部门报国务院标准化行政主管部门备案，由国务院标准化行政主管部门通报国务院有关行政主管部门。2020 年 1 月 16 日，国家市场监督管理总局令第 26 号公布《地方标准管理办法》，自 2020 年 3 月 1 日起施行。该办法规定，地方标准为推荐性标准；地方标准的技术要求不得低于强制性国家标准的相关技术要求，并做到与有关标准之间的协调配套；省级地方标准代号由汉语拼音字母"DB"加上其行政区划代码前两位数字组成，市级地方标准代号由汉语拼音字母"DB"加上其行政区划代码前四位数字组成；地方标准由设区的市级以上地方标准化行政主管部门发布；地方标准复审周期一般不超过 5 年。

相关省（自治区、直辖市）及设区市对稻田生态种养领域的地方标准制定工作高度重视，发布实施了数量繁多、模式多元的地方标准（表 6）。

表 6　稻田生态种养领域的地方标准

领域	标准号与标准名称
综合	DB 43/T 1690—2019《两型稻-渔综合种养技术规范》 DB 50/T 864—2018《稻渔综合种养技术规范》 DB 51/T 2494—2018《稻渔综合种养技术 通则》 DB 5108/T 8—2018《山区稻渔综合种养技术规范》
稻虾	DB 2101/T0013—2019《克氏原螯虾稻田养殖技术规范》 DB 3201/T 129—2008《稻-虾（克氏原螯虾）共作技术操作规程》 DB 3208/T 118—2019《稻虾连作生态种养技术操作规程》 DB 3210/T 1004—2018《"一稻两虾"生产技术规程》 DB 34/T 2660—2016《冬闲稻田养殖克氏原螯虾技术操作规程》 DB 34/T 2661—2016《克氏原螯虾稻田生态繁育技术规程》 DB 34/T 3337—2019《稻克氏原螯虾秋放养殖技术规程》 DB 36/T 1075—2018《赣抚平原小龙虾与一季稻连作模式生产技术规程》 DB 4115/T 055—2018《"稻虾共作"技术规程》

（续）

领域	标准号与标准名称
稻虾	DB 42/T 1192—2016《虾稻共作 中稻绿色种植技术规程》 DB 42/T 1193—2016《虾稻共作养殖技术规程》 DB 4210/T 2—2018《小龙虾稻田综合种养技术规范》 DB 4210/T 29—2019《稻虾模式田间工程建设标准》 DB 4210/T 30—2019《稻虾模式面源污染防控技术规程》
稻蟹	DB 13/T 324—2019《稻田河蟹综合种养技术规范》 DB 21/T 1719—2009《农产品质量安全 稻田中华绒螯蟹养殖技术规范》 DB 21/T 2351—2014《养蟹稻田施肥技术规程》 DB 22/T 1637—2019《稻田养殖中华绒螯蟹成蟹技术规程》 DB 22/T 2518—2016《稻田养殖中华绒螯蟹苗种技术规范》 DB 22/T 2960—2019《稻田扣蟹围田暂养技术规范》 DB 22/T 3056—2019《稻蟹综合种养绿色生产技术规程》 DB 22/T 3096—2020《稻蟹联合种养田间工程建设技术规程》 DB 34/T 2665—2016《幼蟹池套种水稻操作规程》 DB 5329/T 54—2019《稻蟹生态种养技术规程》 DB 64/T 1237—2016《稻田河蟹生态种养技术规范》
稻鱼	DB 3210/T 1006—2018《稻田培育鱼苗技术操作规程》 DB 52/T 1320—2018《贵州省稻鱼综合种养技术规范》 DB 5306/T 21—2019《昭通市稻田养鱼技术规范》
稻鳖	DB 32/T 3588—2019《水稻-中华鳖共作技术规程》 DB 3212/T 184—2018《稻鳖共作技术操作规程》 DB 33/T 986—2015《稻鳖共生轮作技术规程》 DB 34/T 2663—2016《稻田养殖商品鳖操作规程》 DB 34/T 2664—2016《稻田培育鳖种技术规程》 DB 34/T 3329—2019《稻鳖共作田间工程建设技术规程》 DB 43/T 1413—2018《稻田养鳖技术规程》 DB 51/T 2495—2018《稻渔综合种养技术规范 稻田养鳖》
稻鳅	DB 13/T 2847—2018《稻田泥鳅种养技术规程》 DB 21/T 3146—2019《大鳞副泥鳅稻田生态养殖技术规程》 DB 22/T 2899—2018《稻田养殖大鳞副泥鳅技术规范》 DB 34/T 3400—2019《大鳞副泥鳅稻田养殖技术规范》 DB 43/T 909—2014《稻田泥鳅养殖技术规程》 DB 5325/T 94—2018《哈尼梯田泥鳅养殖技术规程》

（续）

领域	标准号与标准名称
稻鸭	DB 21/T 3202—2019《稻鸭种养生产技术规程》 DB 23/T 1903—2017《鸭稻共作技术规程》 DB 34/T 3412—2019《枞阳媒鸭稻鸭共生技术规程》 DB 37/T 2827—2016《稻鸭共生技术规程》 DB 51/T 2674—2020《稻鸭共作及水稻绿色防控融合技术规程》
稻鲤	DB 45/T 2016—2019《三江稻田鲤鱼养殖生产技术规程》
稻蛙	DB 5101/T 51—2019《黑斑蛙稻田生态养殖技术规程》
稻猪	DB 3302/T 040—2018《种养结合 生猪生产管理规范》
复合种养	DB 3211/T 1003—2019《茗稻鸭种养结合生产技术规程》 DB 34/T 3124—2018《"稻-鸭-紫云英"绿色模式生产技术规程》 DB 34/T 3405—2019《稻鳖鱼综合种养操作规程》 DB 42/T 1008—2014《鳖虾鱼生态种养技术规程》 DB 5101/T 48—2019《鱼鸭稻田生态养殖技术规程》 DB 5325/T 95—2018《哈尼梯田稻鱼鸭综合种养技术规程》

（编写者：高辉）

159. 如何构建稻田生态种养产业技术标准体系?

《国家标准化管理委员会关于印发〈2020年全国标准化工作要点〉的通知》（国标委发〔2020〕8号）文件强调要加强标准体系建设，提升引领高质量发展的能力；出台加强农业农村标准化工作的行动计划，加快推进农业标准化示范推广体系，着力构建农业全产业链和绿色发展标准体系，加大农业全产业链安全、质量、服务、支撑标准研制；加大农用地土壤安全利用技术、渔业环境应急监测与生态修复、畜禽粪污资源化利用等生态农业标准制定。

稻田生态种养产业技术标准体系是我国农业农村标准体系建设的一个重要方面，具有如下特征：

①目的性。秉持高质量发展理念，从标准化视角，综合反映国家或行业、地方等稻田生态种养产业的土地效率、资本效率、资源效率、环境效率、劳动效率及科技进步贡献率等质态。

②先进性。充分反映行业产业的最新科技成果，展示技术标准的前瞻性和引领性。

③配套性。多种技术标准相辅相成、互为补充，共同构成一个完整的有机整体。

④协调性。全产业链内外不同技术标准间相互衔接一致、协调配套，避免有关标准之间技术指标不一、重复交叉或者不衔接配套。

⑤层次性。分国家、行业、地方、团体、企业等多层次。

⑥高效性。整体遵循精简有度、高效有用原则。

⑦相对稳定性。一定时间内，体系范畴下的技术标准保持相对稳定，但随着科学技术的进步，技术标准应适时增补制定、修订或废止。

由于稻田生态种养产业资源迥异、条件参差、模式多样、技术多元，因而除了通用技术标准或规范制定外，宜以稻田生态种养田间工程建设标准或规范、单一模式或复合模式生态种养技术规范或规程、同一模式内水稻或水产畜禽动物生态种养技术规范或规程、农业投入品标准、产后加工物流销售标准、标准化效果评价标准等为内容，构建稻田生态种养产业技术标准体系，并使之与农业生产力相适应，标准水平适度超前，引领科学技术革新，发挥标准体系功能，实现产业高质量发展目标。在实际应用中，应注意：

①由于技术标准的制定、修订或废止是动态发展的，所以实践中应积极考虑使用所有相关标准最新版本的可能性。

②结合区域或地方实际，经深入实践后，着手对现行技术标准体系的结构、内容进行必要的再归纳、再分析与再优化，进行必要的精简或补充。

③通过持续跟进研究，架构形成一个功能配套、协调统一、科学先进、简化合理、充分考虑区域或地方实际并与国内外先进水平衔接的技术标准体系，以充分发挥稻田生态种养产业综合标准化效果。

（编写者：高辉）

160. 稻田生态种养产业技术标准体系的主要内容是什么？

从行业标准来看，农业农村部于 2017 年、2020 年分两批发布实施了由该部渔业渔政管理局提出，全国水产标准化技术委员会淡水养殖分技术委员会（SAC/TC 156/SC 1）归口，全国水产技术推广总站联合国内有关高校和研究机构、主产省份水产技术推广站（总站）和相关稻田生态种养企业、专业合作社研究制定的 SC/T 1135.1—2017《稻渔综合种养技术规范　第 1 部分：通则》、SC/T 1135.4—2020《稻渔综合种养技术规范　第 4 部分：稻虾（克氏原螯虾）》、SC/T 1135.5—2020《稻渔综合种养技术规范　第 5 部分：稻鳖》、SC/T 1135.6—2020《稻渔综合种养技术规范　第 6 部分：稻鳅》等 4 项水产行业标准，采用"1（通则）＋N（具体的稻田生态种养模式）"框架，初步构建了稻渔综合种养产业技术标准体系，以求达到规范产业发展、稳定水稻生产、改优稻田环境、保障产品质量、提高种养效益的目的。

　　从地方标准来看，安徽省近年发布实施了《冬闲稻田养殖克氏原螯虾技术操作规程》《克氏原螯虾稻田生态繁育技术规程》《稻田克氏原螯虾秋放养殖技术规程》3 项稻虾模式系列标准，《稻田养殖商品鳖操作规程》《稻田培育鳖种技术规程》《稻鳖共作田间工程建设技术规程》3 项稻鳖模式系列标准，《"稻-鸭-紫云英"绿色模式生产技术规程》《稻鳖鱼综合种养操作规程》2 项复合模式系列标准，以及《幼蟹池套种水稻操作规程》《大鳞副泥鳅稻田养殖技术规范》《枞阳媒鸭稻鸭共生技术规程》3 项其他模式标准。可见，该省在稻田生态种养产业技术标准体系构建方面的基础厚实，进展良好，且全部为省级地方标准，涉及面宽，覆盖面广。

　　湖北省近年发布实施了《虾稻共作 中稻绿色种植技术规程》《虾稻共作养殖技术规程》《小龙虾稻田综合种养技术规范》《稻虾模式田间工程建设标准》《稻虾模式面源污染防控技术规程》5 项稻虾模式系列标准，《鳖虾鱼稻生态种养技术规程》1 项复合模式标准。吉林省近年发布实施了《稻田养殖中华绒螯蟹成蟹技术规程》《稻田养殖中华绒螯蟹苗种技术规范》《稻田扣蟹围田暂养技术规范》《稻蟹综合种养绿色生产技术规程》《稻蟹联合种养田间工程建设技术规程》5 项稻蟹模式系列标准，《稻田养殖大鳞副泥鳅技术规范》1 项稻鳅模式标准等。

（编写者：高辉）

161. 如何构建稻田生态种养产业管理标准体系？

以技术为根、人才为本、管理为魂，并驾齐驱，并蓄兼容，并重俱进，方可达致三全（全员参与、全程贯彻、全面落实）管理目标。若片面重视技术标准，单凭经验办事，忽视管理标准，则易导致资源投入不经济，关键措施不到位，生产流程不高效，影响农业标准化综合效果的发挥。因而，在构建稻田生态种养产业技术标准体系的基础上，需同步构建与之配套衔接的管理标准体系，高质高效地利用政策、资金、土地、科技、人才、设备、信息、管理、加工、物流、储藏、销售等生产要素或支撑条件，促进稻田生态种养产业标准化、规范化、协调化、高质量、可持续发展。

稻田生态种养产业管理标准是指对需要简化、统一、协调、选优的稻田生态种养产业标准化对象相关管理事项所制定的标准。制定稻田生态种养产业管理标准体系的目的是为合理组织、利用和发展农业生产力，正确处理生产、交换、分配和消费中的多元互作关系，科学行使规划、计划、监督、指挥、调整、控制、改进、服务等管理职能，力求最大限度产出，保障稻田生态种养产业技术标准体系目标的高质量实现和经营效益的可持续提升。

稻田生态种养产业管理标准体系的构建涉及农田生态环境管理、水稻种子和水产畜禽苗种管理、耕整地作业管理、水稻栽插作业管理、水草种植管理、农机具管理、农业生产资料管理、绿色安全肥药施用管理、水产畜禽饲料投放管理、水位控制管理、水质监测管理、收获管理、稻谷烘干管理、仓储管理、保鲜管理、加工管理、物流管理、销售管理、产品质量管理、农业废弃物综合利用管理与员工管理、财务管理、保险管理、信息管理、安全管理等众多方面，是一项精细复杂的综合性系统工程。目前，考虑到稻田生态种养产业管理标准尚未系统制定，专用管理标准十分缺乏，甚至容易被忽视，表现为重技术、轻管理，因而宜确立"学标准、定标准、用标准"理念，有标采标、无标创标、全程贯标，规范流程、高效管理、系统推进，加快稻田生态种养产业管理标准体系的构建与实施应用。

（编写者：高辉）

162. 稻田生态种养产业管理标准体系的主要内容是什么？

稻田生态种养产业管理标准按其标准化对象，可分为基础标准、组织服务标准、生产管理标准、效益评价标准等。以上述标准为基础和内容，由此构建稻田生态种养产业管理标准体系。

在此体系中，基础标准包括 ISO 9000：2015《质量管理体系——基础和术语》、ISO 9001：2015《质量管理体系——要求》、ISO 9004：2009《追求组织的持续成功——质量管理方法》、ISO 19011：2011《管理体系审核指南》、ISO 14001：2015《环境管理体系——要求及使用指南》、ISO 14004：2004《环境管理体系——原则、体系和支持技术通用指南》、ISO 14006：2011《环境管理体系整合生态设计指南》、GB/T 1.1—2020《标准化工作导则 第1部分：标准化文件的结构和起草规则》、GB/T 19273—2017《企业标准化工作 评价与改进》、GB/T 20000.6—2006《标准化工作指南 第6部分：标准化良好行为规范》、GB/T 20000.7—2006《管理体系标准的论证和制定》、GB/T 20014.1—2005《良好农业规范 第1部分：术语》、RB/T 164—2018《有机产品认证目录评估准则》、RB/T 169—2018《有机产品（植物类）认证风险评估管理通用规范》等。

组织服务标准包括 GB/T 32980—2016《农业社会化服务 农作物病虫害防治服务质量要求》、GB/T 33311—2016《农业社会化服务 农作物病虫害防治服务质量评价》、GB/T 33407—2016《农业社会化服务 农业技术推广服务组织建设指南》、GB/T 33408—2016《农业社会化服务 农业技术推广服务组织要求》、GB/T 33747—2017《农业社会化服务 农业科技信息服务质量要求》、GB/T 33748—2017《农业社会化服务 农业科技信息服务供给规范》、GB/T 34802—2017《农业社会化服务 土地托管服务规范》、GB/T 36209—2018《农业社会化服务 农机跨区作业服务规范》、GB/T 37070—2018《农业生产资料供应服务 农资仓储服务规范》、GB/T 37670—2019《农业生产资料供应服务 农资销售服务通则》、GB/T 37675—2019《农业生产资料供应服务农资电子商务交易服务规范》、GB/T 37680—2019《农业生产资料供应服务 农资配送服务质量要求》、GB/T 37690—2019《农业社会化服务 农业信息服务导则》、GB/T 38303—2019《农业社会化服务 农民技能培训规范》、GB/T 38307—2019《农业社会化服务 农业良种推广服务通则》、GB/T 38370—2019《农业社会化服务 农机维修养护服务规范》等。

生产管理标准包括 GB/T 19630—2019《有机产品 生产、加工、标识与管理体系要求》、GB/T 31600—2015《农业综合标准化工作指南》、GB/T 33000—2016《企业安全生产标准化基本规范》、GB/T 34805—2017《农业废弃物综合利用 通用要求》等。

效益评价标准包括 GB/T 3533.1—2017《标准化效益评价 第1部分：经济效益评价通则》、GB/T 3533.2—2017《标准化效益评价 第2部分：社会效益评价通则》、GB/T 32225—2015《农业科技成果评价技术规范》、RB/T 170—2018《区域特色有机产品生产优势产地评价技术指南》等。

不同模式的稻田生态种养产业管理标准体系的标准构成有所差异，应结合区域实际和已有基础，科学合理地构建与技术标准体系相配套衔接的管理标准体系，强调特定、特色、特质和可用、实用、有用。

（编写者：高辉）

七、认证篇

163. 稻田生态种养产品申请质量认证的意义和作用是什么？

国际标准化组织在 ISO/IEC 指南 2 中将认证（Certification）定义为：为确信产品、过程或服务完全符合有关标准或技术规范的第三方机构的证明活动。《中华人民共和国认证认可条例》（2003 年 8 月 20 日国务院第 18 次常务会议通过，2003 年 9 月 3 日中华人民共和国国务院令第 390 号公布施行，根据 2016 年 2 月 6 日《国务院关于修改部分行政法规的决定》第一次修正）第二条规定，认证是指由认证机构证明产品、服务、管理体系符合相关技术规范、相关技术规范的强制性要求或者标准的合格评定活动。

稻田生态种养产品质量认证属于产品质量认证范畴，对于促进稻田生态种养产业供给侧质量变革、效率变革、动力变革，引导需求侧理念变革、消费变革、业态变革，推动监管侧职能变革、管理变革、服务变革均具有重要意义。其作用在于：

（1）促进供给侧农业新型经营主体根据第三方认证机构产品质量认证检查中发现的各环节质量问题，确定质量方针、质量目标和职责，强化内部质量策划、质量计划、质量控制和质量改进，精简作业环节，降低生产成本，提高劳动效率与质量管理水平，提升产品质量保证能力，进而通过产品质量认证，提高稻田生态种养产品的市场信用度和竞争力，提升稻田生态种养产品区域公用品牌价值与知名度，同时合理减少重复检验和评定费用。

（2）帮助需求侧消费者获取可靠的质量信息，研判鉴别农业新型经营主体的产品质量管理水平和保证能力，引领消费者购买优质、可信、放心的稻田生态种养产品，提振消费信心，激发消费活力，推动内需扩容，助力构建以国内大循环为主体、国内国际双循环相互促进的新消费发展格局，并反作用于稻田生态种养环节。

（3）便于监管侧高效开展市场监督管理，增进市场质量竞争，引导农业新型经营主体加强内部质量管理，持续提高稻田生态种养产品质量，兼顾全产业链各方利益，保障农业生产秩序，促进资源高效利用，保护生态环境，加快产品生产、贸易、流通，简化出口检验手续，化解贸易争端，维护消费者权益，提增社会效益，深入推动农业供给侧结构性改革和高质量发展。

（编写者：高辉）

164. 稻田生态种养产品可申请哪些质量认证？

稻田生态种养产品可申请以下质量认证：

（1）ISO 9000 系列标准　ISO/TC 176（国际标准化组织质量管理和质量保证体系技术委员会）于 1987 年 3 月发布了 ISO 9000《质量管理和质量保证》系列标准。核心标准包括：ISO 9000：2015《质量管理体系——基础和术语》、ISO 9001：2015《质量管理体系——要求》、ISO 9004：2009《追求组织的持续成功——质量管理方法》、ISO 19011：2011《管理体系审核指南》。

（2）ISO 14000 系列标准　ISO/TC 207（国际标准化组织环境管理技术委员会）组织制定了 ISO 14000 环境管理体系标准，目的是致力于改善全球环境质量，促进世界贸易。主要标准包括：ISO 14001：2015《环境管理体系——要求及使用指南》（环境管理体系中唯一可供认证的标准）、ISO 14004：2004《环境管理体系——原则、体系和支持技术通用指南》、ISO 14006：2011《环境管理体系　整合生态设计指南》。环境管理体系的要求包括：预防或减轻有害环境影响；减轻环境状况对组织的潜在有害影响；帮助组织履行合规义务；提升环境绩效；采用生命周期观点，控制或影响组织的产品和服务的设计、制造、交付、消费和处置等方式，防止环境影响被无意转移到生命周期其他阶段；实施环境友好且可巩固组织市场地位的可选方案，以获得财务和运营收益；与有关的相关方沟通环境信息。

（3）ISO 22000 系列标准。ISO/TC 34（国际标准化组织食品技术委员会）主要基于 HACCP（危害分析与关键控制点）原理（进行危害分析并确定控制措施；确定关键控制点；建立关键限值；对关键控制点进行监控；建立关键控制点失控时的纠正措施；建立验证程序；建立记录保存体系），制定了 ISO 22000 食品安全管理体系标准。主要标准包括：ISO 22000：2005《食品安全管理体系——对食物链中任何组织的要求》、ISO 22004：2014《食品安全管理体系——ISO 22000 应用指南》、ISO 22005：2007《在饲料和食品链的可追溯性——系统的设计与实施的通用原则和基本要求》。

（4）GAP 认证。即良好农业规范，指针对初级农产品生产的种植业和养殖业，分别制定和执行各自的操作规范，保证初级农产品生产安全的一套规范体系。其依据为：《良好农业规范认证实施规则》（国家认证认可监督管理委员会 2015 年第 10 号公告）、GB/T 20014《良好农业规范》等。

此外，稻田生态种养产品还可申请绿色食品、有机产品等认证。

（编写者：高辉）

165. 稻田生态种养产品可以申报绿色食品吗？

绿色食品指产自优良生态环境、按照绿色食品标准生产、实行全程质量控制并获得绿色食品标志使用权的安全、优质食用农产品及相关产品。其依据是：《绿色食品标志管理办法》（2012 年 6 月 13 日农业部第 7 次常务会议审议通过）、《绿色食品标志许可审查程序》《绿色食品商标标志设计使用规范手册》《绿色食品现场检查工作规范》《绿色食品标志许可审查工作规范》《绿色食品检查员注册管理办法》等。由于稻田生态种养时空密接耦合、资源循环利用、水位水质调控、种养绿色防控，显著减少了肥药投入，有效提升了农产品质量安全水平，契合质量强农和绿色兴农要求，因而，符合绿色食品相关要求的稻田生态种养产品可以申报绿色食品。

根据中国绿色食品发展中心（http：//www.greenfood.agri.cn）信息，稻田生态种养产品符合绿色食品相关要求的申请人向所在地省级绿色食品工作机构提出使用绿色食品标志的申请，通过省级绿色食品工作机构、定点环境监测机构、定点产品监测机构、中国绿色食品发展中心的文审、现场检查、环境监测、产品检测、标志许可审查、专家评审、颁证完成申报工作。

绿色食品初次申报的审批内容包括：绿色食品申请是否符合国家有关法规、政策和绿色食品相关要求；申请人是否符合绿色食品申请人资质要求；申请产品产地环境质量、原料来源、生产过程、产品质量是否符合绿色食品相关标准要求。

绿色食品初次申报的办事条件包括：

①《绿色食品标志使用申请书》及《调查表》；

②资质证明材料（《营业执照》《全国工业产品生产许可证》《动物防疫条件合格证》《商标注册证》等证明文件复印件）；

③质量控制规范；

④生产技术规程；

⑤基地图、加工厂平面图、基地清单、农户清单等；

⑥合同、协议，购销发票，生产、加工记录；

⑦含有绿色食品标志的包装标签或设计样张（非预包装食品不必提供）；

⑧应提交的其他材料；

⑨《绿色食品申请受理通知书》（省级绿色食品工作机构提供）；

⑩《绿色食品现场检查通知书》（省级绿色食品工作机构提供）；

⑪《绿色食品现场检查报告》（现场检查组）；

⑫《绿色食品现场检查意见通知书》（省级绿色食品工作机构提供）；

⑬《环境质量监测报告》（绿色食品定点检测机构提供）；

⑭《产品检验报告》（绿色食品定点检测机构提供）；

⑮《绿色食品审查意见通知书》（中国绿色食品发展中心提供）。

（编写者：高辉）

166. 稻田生态种养产品可以申报有机产品吗？

有机产品指生产、加工和销售符合中国有机产品国家标准的供人类消费、动物食用的产品。其依据是：国家质量监督检验检疫总局

《有机产品认证管理办法》（总局令第 155 号，根据总局令第 166 号修订）、国家认证认可监督管理委员会《有机产品认证实施规则》（CNCA－N－009：2019）、GB/T 19630—2019《有机产品 生产、加工、标识与管理体系要求》等。符合有机产品相关要求的稻田生态种养产品可以申报有机产品。

根据《有机产品认证实施规则》，稻田生态种养有机产品认证委托人应至少提交以下文件和资料：

（1）认证委托人的合法经营资质文件的复印件。

（2）认证委托人及其有机生产、加工、经营的基本情况。①认证委托人名称、地址、联系方式；不是直接从事有机产品生产、加工的认证委托人，应同时提交与直接从事有机产品的生产、加工者签订的书面合同的复印件及具体从事有机产品生产、加工者的名称、地址、联系方式。②生产单元/加工/经营场所概况。③申请认证的产品名称、品种、生产规模包括面积、产量、数量、加工量等；同一生产单元内非申请认证产品和非有机方式生产的产品的基本信息。④过去三年间的生产历史情况说明材料，如植物生产的病虫草害防治、投入品使用及收获等农事活动描述；畜禽养殖、水产养殖的饲养方法、疾病防治、投入品使用、动物运输和屠宰等情况的描述。⑤申请和获得其他认证的情况。

（3）产地（基地）区域范围描述，包括地理位置坐标、地块分布、缓冲带及产地周围临近地块的使用情况；加工场所周边环境描述、厂区平面图、工艺流程图等。

（4）管理手册和操作规程。

（5）本年度有机产品生产、加工、经营计划，上一年度有机产品销售量与销售额（适用时）等。

（6）承诺守法诚信，接受认证机构、认证监管等行政执法部门的监督和检查，保证提供材料真实、执行有机产品标准和有机产品认证实施规则相关要求的声明。

（7）有机转换计划（适用时）等。

对符合要求的认证委托人，认证机构应根据有机产品认证依据、程序等要求，在 10 个工作日内对提交的申请文件和资料进行审查并作出是否受理的决定，保存审查记录。受理认证申请后，认证机构进行现场检查准备、现场检查的实施、认证决定、认证后管理、再认证、认证证书和认证标志的管理、信息报告、认证收费等。

除了申报有机产品外，稻田生态种养产品还可申报中绿华夏有机食品认证中心的有机食品认证。

（编写者：高辉）

167. 稻田生态种养产品可以申报农产品地理标志吗？

根据《农产品地理标志管理办法》（2007 年 12 月 6 日农业部第 15 次常务会议审议通过，自 2008 年 2 月 1 日起施行）规定，农产品地理标志指标示农产品来源于特定地域，产品品质和相关特征主要取决于自然生态环境和历史人文因素，并以地域名称冠名的特有农产品标志。国家对农产品地理标志实行登记制度。经登记的农产品地理标志受法律保护。

申请地理标志登记的稻田生态种养产品，应当符合下列条件：①称谓由地理区域名称和农产品通用名称构成；②产品有独特的品质特性或者特定的生产方式；③产品品质和特色主要取决于独特的自然生态环境和人文历史因素；④产品有限定的生产区域范围；⑤产地环境、产品质量符合国家强制性技术规范要求。

稻田生态种养产品地理标志登记申请人为县级以上地方人民政府根据条件（具有监督和管理农产品地理标志及其产品的能力；具有为地理标志农产品生产、加工、营销提供指导服务的能力；具有独立承担民事责任的能力）择优确定的农民专业合作经济组织、行业协会等组织。

符合稻田生态种养产品地理标志登记条件的申请人，可以向省级人民政府农业行政主管部门提出登记申请，并提交下列申请材料：①登记申请书；②申请人资质证明；③产品典型特征特性描述和相应产品品质鉴定报告；④产地环境条件、生产技术规范和产品质量安全技术规范；⑤地域范围确定性文件和生产地域分布图；⑥产品实物样品或者样品图片；⑦其他必要的说明性或者证明性材料。

符合下列条件的单位和个人，可以向登记证书持有人申请使用农产品地理标志：①生产经营的农产品产自登记确定的地域范围；②已取得登记农产品相关的生产经营资质；③能够严格按照规定的质量技术规范组织开展生产经营活动；④具有地理标志农产品市场开发经营能力。

使用稻田生态种养产品地理标志，应当按照生产经营年度与登记证书持有人签订稻田生态种养产品地理标志使用协议，在协议中载明使用的数量、范围及相关的责任义务。

（编写者：高辉）

八、文化篇

168. 稻田生态种养有哪些文化效益？

　　文化效益的主要功能包括导向功能、凝聚功能、激励功能、品牌功能形成的合力，能极大地提升产业或企业经济效益，即文化效益可转化为经济效益。稻田生态种养是水稻种植与水产畜禽养殖文化、湿地生态文化、产品消费文化、综合产业文化等多元化文化融合体。深度挖掘稻田生态种养独特文化，有助于提升稻田生态种养产业发展活力、市场引力和综合效益。

　　（1）种植养殖文化　凝练展示当地水稻种植与水产畜禽养殖的历史文化与传统习俗，使传统文化与现代文化紧密结合，开展科普教育与农事体验活动，促进稻田生态种养从业者与消费者间的情感共振与情绪共鸣，加深了解，增进理解。

　　（2）湿地生态文化　稻田是最大的人工湿地，是承载水稻和水产畜禽动物、浮游生物、病虫草等构成的复杂生态系统的基石，是实现水稻减碳减肥减药、水产畜禽动物除虫灭草控病的农业大平台，符合农业供给侧结构性改革和绿色高质量发展方向。稻田湿地生态文化是许多地区特色小镇和特色田园乡村等的重要组成部分。

　　（3）产品消费文化　淡水小龙虾、淡水小青虾、澳洲小龙虾、螃蟹、稻花鱼等通常是国民餐桌的"主菜"。出于稻田，呈现活力，无疑给稻田生态种养水产畜禽动物产品增添了新引力，利于激发乡村旅游、民宿休闲、特色餐饮、文化创意等新消费新动力。

　　（4）综合产业文化　一般，稻田生态种养产品质量安全水平明显高于常规产品。因此，稻田生态种养产品可吸引网红直播销售、平台展销品鉴（图 26）、电商线上行销、外卖鲜速销售等，引领多产业，奏响新节奏，催生新业态，创造新机会。稻田生态种养锦鲤等即为田园"流动的美景"，也可与健康文化、长寿文化等关联。稻田生态种养蟾蜍、水蛭等可与医药文化关联。

（编写者：邢志鹏）

图 26　盱眙龙虾香米品鉴活动

169. 国内哪些地方有稻田生态种养相关的文化节？

文化节是稻田生态种养产业文化效益的重要表征之一。通过稻田生态种养文化节的连年举办，加强领导，加强宣传，创造平台，创造机遇，吸引投资，吸引游客，传播文化，传播"故事"，往往可收到多方面显著的经济、社会和生态效益。

（1）广东省清远市连南县"稻田鱼文化节"　稻田养鱼是该县千百年流传下来的独具民族特色的农业养殖项目。2014 年起每年举办稻田鱼文化节。2018 年第五届稻田鱼文化节被纳入当地首届"中国农民丰收节"系列活动，接待游客 293.5 万人次，年总经济效益达11.3 亿元。

（2）湖南省怀化市辰溪县"稻花鱼文化节"　该县稻田养鱼历史悠久，清朝乾隆年间曾为贡品。2014 年起将"稻＋鱼"作为产业扶贫主打项目。2017 年举办首届稻花鱼文化节。"辰溪稻花鱼"获国家农产品地理标志认证。全县稻花鱼核心区域面积达 3 万余亩，总面积达 15 万余亩，农户发展稻鱼兼作比水稻单种每亩纯利润高 2 000 余元，惠及贫困群众近 2.5 万人。

（3）安徽省黄山市焦村镇"生态稻虾美食文化节"　该镇利用良好的生态环境和丰富的土地资源，大力发展稻渔生态养新模式，有力撬动乡村产业振兴。稻田养虾已成为焦村镇农民脱贫增收新途径。2017 年举办首届生态稻虾美食文化节。2020 年第四届活动主办方五丰源种养专业合作社建有 1 400 亩稻-虾蟹特色生态种养产业基地，带动 300 余户农民发展了近 3 000 亩稻渔生态种养产业。

（4）江苏省宿迁市泗洪县"稻米文化节"　2016 年举办首届中国泗洪稻米文化节。2019 年第四届中国泗洪稻米文化节活动以"千秋稻香·万世渔歌"为主题。全县累计建设稻-虾共作面积 25.8 万亩，增收效果明显，种养模式受到欢迎。

（5）浙江省磐安县方前镇"稻田文化节"　该镇是浙江省粮食功能区，始丰溪沿岸有千亩连片稻田，推行稻田养鱼、养虾、养泥鳅的稻渔共生种养模式。结合戏迷小镇戏曲稻田建设，让该镇稻米不仅有鱼虾作伴，更每天伴随戏曲长大，让香甜的大米增添了文化韵味。2018 年举办首届稻田文化节。

（6）云南省昌宁县漭水镇"稻花鱼文化节"　2018 年举办首届稻花鱼文化节。2019 年新增了优质稻鱼养殖示范项目，扩大种养规模，扶持 465 户农户发展稻田养鱼及有机稻种植产业，种植有机稻 1 000 亩，养殖稻田鱼 500 亩，拓宽了产业增收渠道，助力农民增收 300 万元。

（7）四川省邛崃市牟礼镇"乐渔节"　2016 年举办首届乐渔节。渔香米稻田种植面积近 2 万亩，每亩净收益达 6 200 余元，较往年每亩增加了 4 900 元。

（8）四川省内江市隆昌市"小龙虾美食文化旅游节"　2019 年举办首届"小龙虾美食文化旅游节"。隆昌市立足川南丘区特色，充分发挥稻虾产业优势，走出了一条具有隆昌特色的稻虾发展之路，荣获首批国家级稻渔综合种养示范区、全省首批稻田虾特色农产品优势区等。隆昌市胡家镇获评"全国稻田虾特色产业强镇"。

（9）云南省红河州元阳县稻花鱼庆丰收活动　2018 年举办首届

稻花鱼庆丰收活动。在哈尼梯田核心区，游客在收获金黄稻谷的同时，也捕获放养在梯田里的梯田鱼。

（10）四川省成都市郫都区"稻渔节" 2018年举办首届稻渔节。多形式展示川西平原稻鱼丰收景象，打造该区标志性农作物"天府稻"，展现一三产业融合典范、农商文旅结合、高标准农田复合型现代农业、亲子体验型生态种养、水源保护区内高端种养等5个稻鱼共生示范点的风采。

（11）浙江省丽水市青田县"稻鱼之恋"文化节 2016年举办首届"稻鱼之恋"文化节。在稻鱼共生系统中水稻和田鱼互为依存、和谐共生。此模式至今已有1300多年历史。2005年，该系统正式列入联合国全球重要农业文化遗产。

（12）宁夏回族自治区银川市贺兰县"稻渔空间"农耕文化节 2017年举办首届"稻渔空间"农耕文化节。发展"大田创意景观""田园风光＋度假庄园"等农业与旅游、教育、文化等产业深度融合的休闲、科普、体验、创意产业，推动了农业产业链、供应链、价值链重构和演化升级，打造出了一二三产业相互渗透、交叉重组、融合发展的农业全产业链，实现了土地、水体的健康综合利用，促进了农业转型升级。

（13）广东省汕尾市陆河县"稻渔之乐"农耕文化节 2019年举办首届稻渔之乐农耕文化节。采取"稻渔共生、渔米共存，不打农药、不施化肥、物理治虫和山泉水浇灌"的生态种养模式，全力打造生态、平安、优质"稻渔米"产品。

（14）广西壮族自治区来宾市"广西稻渔丰收节"暨"兴宾区小龙虾美食文化节" 2019年举办首届"广西稻渔丰收节"暨"兴宾区小龙虾美食文化节"。结合三利湖国家湿地公园建设，在三利湖周边打造万亩核心示范区，把示范区打造成国家级稻渔综合种养示范区、自治区级现代特色农业核心示范区、桂中地区最大的淡水小龙虾人工育苗基地，成为实施乡村振兴战略的样板区。

（15）江苏省淮安市盱眙县"国际龙虾节" 2001年举办首届龙虾节。2020年6月举办第二十届"中国·盱眙国际龙虾节"。目前"盱眙龙虾"品牌价值达203.92亿元，连续5年位列全国水产类公用品牌第

1名。盱眙龙虾产业已从最初的"捕捞＋餐饮"模式发展成为集科研、养殖、加工、餐饮、冷链物流、节庆等于一体的完整产业链。盱眙县获准创建国家现代农业产业园，获批国家稻虾共生标准化示范区。

（编写者：邢志鹏）

170. 哪些稻田生态种养系统被列为全球重要农业文化遗产?

目前，我国农业文化遗产中有15项被列为"全球重要农业文化遗产"，其中与稻田生态种养直接相关的是：

（1）浙江青田稻鱼共生系统 2005年入选全球重要农业文化遗产。青田县地处浙江省东南部、瓯江中下游，境内山多地少。青田稻田养鱼历史悠久。清光绪时期《青田县志》中即有"田鱼，有红、黑、驳数色，土人在稻田及圩池中养之"的记载。水稻为鱼类提供庇荫和有机食物，鱼则耕田除草、松土增肥、活水增氧、吞食害虫，两者维持系统自身循环，保证了生态平衡（图27）。

图27　青田稻鱼共生场景

2（2）贵州从江侗乡稻-鱼-鸭系统 2011年入选全球重要农业文化遗产。从江县位于贵州省东南部、毗邻广西，隶属黔东南苗族侗族自治州，境内多丘陵。当地侗族是古百越族中的一支，曾长期居住于东南沿海，因战乱辗转迁徙至湘、黔、桂边区定居。虽远离江海，但该民族仍长期保留着"饭稻羹鱼"的生活传统，稻-鱼-鸭系统距今已有上千年历史。最早源于溪水灌溉稻田，随溪水而来的小鱼生长于稻田，侗族人秋季一并收获稻谷与鲜鱼，长期传承演化成稻鱼共生系统，后又在稻田择时放鸭，同年收获稻鱼鸭。

（编写者：邢志鹏）

171. 国内哪些地方有稻田生态种养相关的文化旅游设施？

国内稻田生态种养相关的文化旅游设施主要有：

（1）宁夏回族自治区贺兰县稻渔空间生态观光园　位于贺兰县常信乡四十里店村，面积 3 600 亩。主要建设有稻田景观图案观赏区（图 28），稻田养鸭、鱼、蟹、虾等农事活动观赏和体验区，有机瓜果采摘园，休闲娱乐及垂钓餐饮区，农耕文化展示及科普教育长廊，有机水稻认购及土地托管，农业生产物联网及产品质量可追溯信息平台等农业生态景观。

图 28　稻渔空间稻田景观图案观赏区

（2）湖南省澧县城头山旅游景区　将文化遗产保护与旅游相结合，以古城文化、稻作文化等为灵魂，将遗址景观和周边生态环境、建筑景观等要素结合，按照旅游"六要素"（吃、住、行、游、购、娱）要求，配套一系列体验产品、休闲项目、生态景观，形成完整的游憩体系。

（3）四川省隆昌市稻渔现代农业园区　园区面积 66.4 千米^2，涉及 6 个镇（街道）32 个村，按照"田里稻渔、土里柑橘"的立体空间布局，以优质水稻为纽带，主导产业为"稻＋渔"，配套发展优品柑橘，综合产值占园区总产值 90％以上。

（4）浙江省青田县稻鱼共生系统景区（图29）　以"游真山真水，品农家野味"为主题，发展集赏鱼、钓鱼、吃农家菜、住农家房为一体的农家乐生态游。当地水稻种植大户和田鱼养殖大户纷纷发展了参与性较强的休闲旅游项目（图30）。游客可亲眼目睹种养户田间放养鱼苗的生动场面，也可体验抓鱼、烧鱼、鱼干烘制等原汁原味的生产劳作环节。

（5）云南省红河州哈尼稻作梯田　自隋唐起即开始垦梯田、种水稻的劳作，打造出"两山两谷三面坡，一江一河万级田"的特殊地貌景观，成为全国知名的美丽风景。近年，发展了稻-鱼、稻-淡水小龙虾生态种养项目，取得了较好收益。

图29　中国青田稻鱼共生系统景区

图30　种养户捕获的田鱼

（编写者：邢志鹏）

179

172. 国内有哪些稻田生态种养产业精准扶贫典型?

稻田生态种养产业一田多收、绿色高效,既能保障水稻产量、提升稻米品质,也能产出鲜活、高收益的水产畜禽动物产品,拓展了农民增收渠道,促进了精准脱贫事业的开展。

(1)江苏省泗洪县典型案例 该县 2016 年将稻田生态种养作为农业产业结构调整重要抓手,当年仅 5 000 多亩。截至 2020 年 7 月底,全县稻田生态种养面积达 28.6 万亩,亩均效益均在 1 300 元以上。其中稻-淡水小龙虾面积 25.8 万亩,占绝对主体;稻-蟹、稻-虾蟹、稻-蛙、稻-鳅等稻田生态种养面积 2.8 万亩。连片 1 000 亩以上稻-淡水小龙虾共作基地达 32 个。2019 年全县精深加工淡水小龙虾 758 吨,产值 3 400 万元,出口淡水小龙虾 108.8 吨,出口额 77.4 万美元。2017 年被授予"中国小龙虾种源保护第一县""中国小龙虾种源保育基地"称号。

(2)安徽省霍邱县典型案例 该县位于大别山北麓、淮河南岸,为行蓄洪区、老革命区。常年水稻种植 260 万亩,90% 为杂交中籼,亩效益 150 元以上。而"两季虾一季稻"面积 61 万亩,占水稻种植面积的 23.5%,亩效益 2 000 元以上。"霍邱龙虾"被认定为国家地理标志产品,"霍邱虾田米"被农业农村部认定为首批名特优产品,霍邱县被认定为"生态龙虾第一县"。

(3)云南省洱源县典型案例 全县发展稻渔生态种养 3.8 万亩。以半边天生态农业种植专业合作社为例,稻田养鱼种出的大米优质,鱼绿色生态、口感好。1 亩单产超过 20 千克稻花鱼,3~4 个月打捞上市,可增收 800 多元。稻田养鱼不施化肥农药,鱼和稻谷均为原生态,深受消费者青睐。

(4)贵州省正安县典型案例 全县保灌稻田面积 30 余万亩,其中适渔面积达 13 万亩。2015—2017 年实施村级集体经济稻田养鱼基地建设项目,以"村委会+农户+精准帮扶"模式,开展稻田生态种养对接精准扶贫政策。实施稻田生态种养面积 1 300 余亩,带动精准贫困户 200 余户,每户贫困户平均增加经济收入 4 200 元。养殖品种以鲤鱼和草鱼为主。与休闲旅游有机结合,丰富乡村生态旅游。

（5）湖南省湘西州典型案例 2016 年，全州推广稻田养鱼面积 5.15 万亩，建立高标准稻田生态养鱼示范基地 9 个，面积 1 080 亩，发展专业合作组织和龙头企业 26 个，带动农户 3 000 余户，年产"稻花鱼" 2 112 吨，实现产值 1.24 亿元。以养殖湘西呆鲤为主的"稻-鱼共生"模式，采取"政府扶持、项目带动、农户参与""合作社＋农户""大户集中流转，贫困户土地入股"形式带动增收。进行产业叠加，打造生态绿色品牌"有机稻"和"有机鱼"，同时和休闲、餐饮、电商等结合，带动相关产业发展。

（6）广西壮族自治区三江县典型案例 2016 年，全县稻渔生态种养总面积 7.5 万亩，占全县稻田面积的 62.5％，实现产值 1.21 亿元。稻渔生态种养产业已覆盖 70％以上贫困户，每人每年通过稻渔增收 1 000 元以上。通过加强领导，激发产业发展活力。通过政策扶持，增强产业发展后劲。通过创新模式，挖掘产业发展潜力。通过产业联动，促进产业增值增效。通过加强管理，保护产业发展成果。

（编写者：邢志鹏）

173. 引领稻田生态种养产品绿色消费文化的策略是什么？

《关于促进绿色消费的指导意见》（发改环资〔2016〕353 号）文件指出，绿色消费是指以节约资源和保护环境为特征的消费行为；按照绿色发展理念和社会主义核心价值观要求，加快推动消费向绿色转型；加强宣传教育，在全社会厚植崇尚勤俭节约的社会风尚，大力推动消费理念绿色化；规范消费行为，引导消费者自觉践行绿色消费，打造绿色消费主体；严格市场准入，增加生产和有效供给，推广绿色消费产品；完善政策体系，构建有利于促进绿色消费的长效机制，营造绿色消费环境。可见，稻田生态种养产品绿色消费文化包括绿色消费理念、绿色消费主体、绿色消费产品、绿色消费环境等。引领稻田生态种养产品绿色消费文化的策略主要是：

（1）增强绿色消费理念 稻田生态种养使稻田产品增绿增产增效，契合绿色发展理念与生态文明建设要求，成为消费绿色转型的支柱产业。基于稻田生态种养，通过科普教育与宣传引导，传递绿色生产消费思想理念，有助于加强公众对绿色消费的认知，转变公众消费观念和行为，协同弘扬绿色发展文化，协同构建绿色消费新格局。

（2）增广绿色消费主体　稻田生态种养以生产绿色有机稻米和水产畜禽产品为核心，通过加强绿色研发，节能低碳、减肥减药效用突出，有毒有害物质使用大为减少，产品质量安全水平显著提升，利于吸引绿色消费关注者、建设者、参与者加盟投身其中，壮大绿色消费主体，带动稻田生态种养产业做强做大。

（3）增供绿色消费产品　近年来，我国稻田生态种养产业规模呈快速上升态势。在保障国家粮食安全条件下，一些地方整省、整市、整县、整镇、整村推进稻田生态种养，增加了绿色消费产品有效供给，绿色采购日益增多，绿色产品市场占有率明显提高。绿色消费产品更贴近消费者，更贴近消费一线。

（4）增益绿色消费环境　在新消费理念与行动的推进下，在绿色补贴的支持下，绿色低碳的生活方式和消费模式加快形成，绿色消费环境持续得到优化。在绿色消费法律法规的严格监管下，以假乱真、以次充好的产品发展余地越来越小。稻田生态种养领域的产业园区、特色小镇、特色田园乡村、农家乐等的发展迎来了新契机。

（编写者：邢志鹏、高辉）

174. 引领稻田生态种养产品绿色健康文化的策略是什么？

绿色彰显生命，代表健康，昭示活力。由于稻田生态种养增加了绿色供给，因而人们由此减少了农产品或食品中有毒有害物质的摄入，降低了"致畸、致癌、致突变"的可能，保障了身体健康与身心愉悦，进而成为绿色健康文化的支持者、推崇者与先行者。引领稻田生态种养产品绿色健康文化的策略主要是：

（1）推广绿色产品　稻田生态种养产品以绿色食品为主攻目标，兼攻有机产品。在此系统中，取稻米之"鲜""净"，取水产畜禽动物之"活""美"，可丰富绿色健康农产品或食品内涵与产品类别，引导绿色健康消费文化，进而展现稻田生态种养产品的绿色导向、科技贡献与健康价值。

（2）推行绿色包装　稻田生态种养产品包装宜与稻田生态种养产品相匹配，以绿色设计、绿色包装、简洁美观、简约易用为主，杜绝奢华浪费、繁琐繁杂和过度包装，传递绿色健康文化，吸引消费者绿色消费。

（3）推动绿色消费　讲好新时代稻田生态种养"鲜活"故事，归纳总结稻田生态种养稻米和水产畜禽动物产品风味佳、重金属和化学农药等有毒有害物质少的优点特点与"鲜活"农产品或食品消费的健康功用，引领开创稻田生态种养产品绿色健康消费新时尚。

（编写者：邢志鹏、高辉）

九、典型篇

175. 稻田生态种养"潜江模式"的特色优势是什么？

　　早在旧石器时代早、中期，潜江地区即有古人类生活遗迹。古代的潜江先民结庐水滨，耕耘稻禾，捕鱼狩猎，创造了独特的住居文化、稻作文化和渔猎文化。今日之湖北省潜江市是全国稻虾生态种养发源地与名城重镇。历经 20 年的探索与快速发展，该市特色稻-淡水小龙虾模式已形成组织领导有力、品牌打造突出、产业链条完整等多方面独特优势，为全国稻田生态种养绿色高质量发展提供了典型案例。

　　（1）组织领导有力　2001 年起，潜江市积玉口镇农民刘祖权大胆创新，历经数年，成功创造出"稻虾连作"新模式。2006 年潜江市委、市政府组织召开稻虾连作现场会，扩大新模式影响力；2007 年对新发展的"稻虾连作"模式按照每亩 10 元予以奖励支持。稻虾连作由此持续升温，吸引了一大批科研人员、农技工作者、农业企业、农民专业合作社、家庭农场、种养大户等加入其中，协同攻关，加强示范，总结经验，弥补不足。2012 年成功创新出"稻虾共作"生态种养模式。2013 年潜江市政府以 40 元/亩标准对新发展的"稻虾共作"模式予以补贴，激励从业者扩大稻-淡水小龙虾生态种养面积。无内埂的特色稻田改造和"稻供虾庇荫，虾粪供稻生"的农业生态循环使"一地双收、一水双用"的潜江模式得以萌生，走在全国前列，引领稻虾新风向。截至 2019 年，潜江市稻田生态种养面积达 54 万亩。

　　（2）品牌打造突出　稻虾是潜江市的"金字招牌"。经水稻品种培育、审定、种养生产、加工、包装与销售等流程，中国绿色食品认证品牌"虾乡稻"与驰名品牌"水乡虾稻"等优质大米走进了万千家庭的餐桌。中国名菜之一"潜江油焖大虾"成为地理标志美食，吸引无数美食爱好者前来品尝。"一节两企三餐"（一年一度潜江龙虾节、华山水产与莱克水产两大企业、虾皇和小李子及味道工厂三家大型连锁特色餐厅）集群组合，生动托举出名副其实的"中国小龙虾美食之乡"。

（3）产业链条完整　潜江市已形成政府引导、科研支撑、良种培育、绿色种养、餐饮服务、贸易出口、旅游开发、节庆文化等稻虾产业一体化布局。院士工作站和高校科研基地的建立，为完善稻虾产业体系提供了科技支撑。华山水产主营龙虾加工，出口世界各地。"无接触销售""直播带货""地摊经济"等刺激公众消费。依托中国甲壳素工程技术研究中心，将难以解决的虾头虾壳废料实现了再利用。完整的稻虾产业链条促进了"潜江模式"持续走稳走强与高质高效。

（编写者：李阳阳）

176. 稻田生态种养"洪湖模式"的特色优势是什么？

湖北省荆州市洪湖市有"百湖之市""水乡泽国"之称，是著名的"鱼米之乡"和"水产之都"。境内的洪湖是全国第七、湖北第一大淡水湖，享有"中南之肾"美誉。近年来，该市主推的稻虾生态种养成效显著，具有政策推动有力、科技支撑强力、主体扶植得力等特色优势，被认定为湖北省稻田生态种养十强县市之一。

（1）政策推动有力　2016年，洪湖市将稻田生态种养列入秋冬农业综合开发重点，拨款600万元用于扶持新增的稻田生态种养者。将以往的补贴形式改为奖励形式，对连片面积40~500亩的种养者，每亩奖励200元；连片面积500亩以上且有流转合同的种养者，每亩奖励300元；先改先奖，奖完为止。随着多项扶持政策的出台，该市稻田生态种养面积扩增迅速，2017年稻虾生态种养面积已达55万亩，比2016年同期增长14.6%。

（2）科技支撑强力　洪湖市先后与中国科学院水生生物研究所、

湖北省水产科学研究所、湖北省水产技术推广总站签订水产科技全面合作协议。依托大专院校、科研机构对专用品种筛选、种养机理研究、适用机械改良、现有模式优化、新技术试点推广等开展技术协同创新。以奖励政策吸引国内水稻、水产、农机等方面专家，组建稻田生态种养技术推广团队，为农民提供可靠专业的线上线下技术服务，编撰稻田生态种养模式操作流程及标准规范，组织团队成员及时解决种养问题，以良好的技术和服务加快全市稻田生态种养绿色高质量发展。

（3）主体扶植得力　洪湖市既注重农民单户种养水平和种养素质的提高，也大力扶持大型种养企业、新型种养专业合作社、多户联合经营、家庭农场等。通过政府引导，全面发展各种主体经营稻田生态种养。鼓励龙头企业和水产客商进入农产品流通领域，建立稻田生态种养产品批发市场，开发推广互联网＋种养产品网站，注重品牌打造，让农民"种（养）得出来，卖得出去"，推动稻田生态种养良性循环与高质发展。

（编写者：李阳阳）

177. 稻田生态种养"监利模式"的特色优势是什么？

近年来，随着稻田生态种养的普及与推广，以政府引导、龙头企业带动，注重水稻水产双业打造与生态保护为鲜明特点的"监利模式"迅速助力湖北省荆州市监利县成为全国稻田生态种养面积最大县（市、区）之一。

（1）政企农三合力　该县最早进行稻田生态种养的主体是米业福娃集团。2013年起，福娃集团抓住机遇，果敢决策，完成了从水稻产业向水产业拓展和种养结合的转变。监利县委、县政府经综合评估，决心推广福娃模式，确立了"龙头带动，多元投入"的发展机制。仅3年时间，福娃集团即建成3万亩稻-淡水小龙虾共作种养基地，带动周边2个镇13个村近万农户受益。福娃集团牵头成立合作社，承办"监利县小龙虾产业发展座谈会"，积极带动，达成共识，扩大影响。同时，天宏水产有限公司分别与汴河、棋盘等乡镇政府签订稻田生态种养合作协议。通过以强联弱，拉动了更多农户参与发展稻田生态种养产业。

（2）双业并重并进　作为拥有"全国水稻第一县""中国淡水小龙虾第一县"双王牌的监利县，在稻田生态种养中始终注重水稻水产并重并举、并进打造。2019年该县稻-淡水小龙虾共作面积突破百万亩，在保障国家粮食安全的条件下，做强做大"监利大米""福娃大米"等优质稻米品牌，并着力打造"监利龙虾"品牌，持续推进县域稻田生态种养绿色高质量发展。

（3）绿色生态优先　该县严格落实"河湖长制"，境内河湖与贯穿基地的沟渠等都有镇村干部专人负责管理保洁，为水稻、淡水小龙虾健身生长提供优良的生态环境。通过布设性诱剂、种植香根草和农田周边安装太阳能灭虫灯等物理防治水稻病虫害措施，显著降低化肥、农药用量，着力生产稻田生态种养绿色有机稻米。通过农资监管、生物农药使用、整治面源污染等，为实现"双水双绿"产业长久发展提供优良的产地环境保证。示范引领农户和要求企业开展稻田绿色生态种养，建优"监利模式"，起到典型标杆作用。

（编写者：李阳阳）

178. 稻田生态种养"南县模式"的特色优势是什么？

湖南省益阳市南县地处洞庭湖区腹地，湖泊众多，水土肥沃。近年来，南县大力推广稻-淡水小龙虾生态种养模式，不断改进种养技术，创新形成了政府引导指导、主推一稻多虾、推动多产融合的"南县模式"。

（1）政府引导指导　2000年，南县启动实施了全国第二批生态农业示范县建设项目，尝试推广"低洼湿地稻虾生态种养循环农业模式及技术"。2001年，该县三仙镇就有农户尝试稻田养殖淡水小龙虾，经十余年探索，2012年转为"稻虾轮作"。2014—2015年，南县畜牧水产局水产技术推广站在全县示范推广"稻虾共生"技术。2016年，南县印发了《关于加快推进稻虾产业发展的实施意见》，明确了打造稻虾产业百亿元工程发展目标。2019年，组织举办稻-淡水小龙虾生态种养技术实操培训班，吸引全县相关企业负责人、种养专业合作社、种养大户、种养能人等共800多人参加培训。

（2）主推一稻多虾　经多模式探索推广与筛选比较，该县主推一稻多虾生态种养模式示范，即在水稻收割后投放虾苗或抱卵虾进行孵幼养殖，养殖至翌年 4 月，淡水小龙虾上市销售，持续捕获销售至 6 月中旬，再种植一季稻，即"春季养虾苗、初夏养食用虾、秋季养种虾、套种优质稻"模式。该模式将"稻虾连作"和"稻虾共作"有机结合，充分利用稻田空间，避开商品虾售卖高峰期，最高亩收益可达 8 000 元。通过《南县稻虾共作生产技术操作规程》的制定，将一稻多虾生态种养技术简化统一表述，利于农户理解掌握，加快新技术示范推广。

（3）推动多产融合　截至 2019 年，该县稻-淡水小龙虾生态种养面积达 55 万亩，年产优质稻虾米 27 万吨、淡水小龙虾 9 万吨，从业人员 12.8 万人，实现稻虾产业综合产值 130 亿元以上。打造了南洲镇南山村、麻河口镇向阳村等 5 个稻-淡水小龙虾生态种养标准化生产基地与三仙湖咸嘉垸和泽水居 4 000 亩淡水小龙虾种苗基地。县委、县政府大力扶持顺祥食品集团打造"渔家姑娘"品牌；支持克明面业集团增加稻虾米开发投入，延伸稻虾产业链，重点打造"今知香""绿态健"品牌；以"洞庭虾世界"为平台载体，着力打造集品种研发、稻虾种养、品牌打造、食品加工、物流运输、餐饮旅游、文化教育等功能于一体的一二三产业融合体，生动诠释与做强做响"南县模式"。

（编写者：李阳阳）

179. 稻田生态种养"盱眙模式"的特色优势是什么？

江苏省淮安市盱眙县地处淮河下游、洪泽湖南岸，境内河湖面积大，县东北部多平原。早在 20 世纪 80 年代末期，淡水小龙虾即为盱眙人民餐桌上的佳肴，演化而成独特丰富、闻名遐迩的国际龙虾节（图 31）及其捕虾（图 32）食虾文化，塑造了又红又火的"龙虾城""龙虾景"的城市品质。在长达 20 年盱眙龙虾节的持续推动下，具有政策良性引导、科技强力支撑、品牌带动产业特色优势的稻田生态种养"盱眙模式"应运而生。

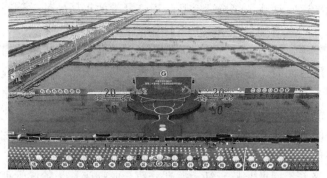

图 31　第二十届"中国·盱眙国际龙虾节"现场

图 32　第二十届"中国·盱眙国际龙虾节"捕虾展示

（1）政策良性引导　盱眙县委、县政府重视推进全县稻-淡水小龙虾共生种养技术示范推广工作。制定出台《2018 年稻虾共生扩面提质增效行动方案》《现代农业和龙虾产业发展扶持引导资金管理办法》等文件，统筹省市农业项目资金，优先扶持稻虾共生项目，县财政每年安排 1 500 万元专项资金扶持龙虾产业发展，激发农民种养热情。保险公司列有专门险种，为全县稻虾共生种养户提供稻虾种养高温、干旱、洪涝及病害等保险。2019 年和 2020 年该县连续两年举办盱眙龙虾香米品鉴会，扩大稻-淡水小龙虾共生种养稻米影响力。通过制定《稻虾共作技术操作规程》，广邀专家专题培训，组织现场推进会，举办培训班，发放学习资料等，为农户提供全方位技术支持。截至 2019 年，该县稻虾共作面积达 65 万亩，全县从事稻虾共生种养模式的家庭共有 4 463 户。

（2）科技强力支撑　江苏盱眙龙虾股份有限公司与扬州大学协同

建设创新试验基地，筛选适宜盱眙稻虾共生的水稻品种，创新水稻钵苗机插优质栽培技术、水稻一次性施肥技术、糯稻-淡水小龙虾共生种养技术等，强力支撑"盱眙龙虾香米"产业优质化机械化绿色化品牌化发展。同时，盱眙县有关方面加强了与中国水产科学研究院淡水渔业中心、江苏省淡水水产研究所、江苏省农业科学院、南京农业大学、上海海洋大学等的科技合作，开展稻-淡水小龙虾共生种养全产业链协同创新，支撑盱眙县稻田生态种养产业高质量可持续发展。盱眙龙虾创业学院由盱眙县职业教育集团与有关龙虾产业龙头企业联合创设，培养了一批龙虾烹饪、龙虾养殖、龙虾店长、餐饮管理、传媒营销、互联网＋、智慧农业等方面的创业人才。

（3）品牌带动产业　根据中国品牌建设促进会等发布的"2020中国品牌价值评价信息"，"盱眙龙虾"品牌价值高达 203.92 亿元，连续 5 年位列全国水产类公用品牌首冠。国家地理标志证明商标"盱眙龙虾香米"品牌大米获评"全国稻渔优质渔米大赛金奖"。在"盱眙龙虾""盱眙龙虾香米"双品牌的拉动下，又衍生出了"小河农业""淮河小镇""泗州城""於氏龙虾"养殖、加工、电商和餐饮等产业链品牌，带动该县稻-淡水小龙虾生态种养产业加快提质增效发展。

（编写者：李阳阳）

180. 稻田生态种养"青田模式"的特色优势是什么？

浙江省丽水市青田县地处瓯江中下游，环境优美，资源丰富，为稻鱼共作提供了良好先决条件。该县是我国著名的华侨之乡、田鱼之乡、石雕之乡，现有海外华侨华人达 22 万，分布在世界 80 多个国家和地区。以全球重要农业文化遗产"中国青田稻鱼共生系统"为核心的

视频 9：青田稻鱼共生

"青田模式"具有产业规划前瞻、文化底蕴深厚、产业全球知名等特色优势，是全国稻田生态种养领域的经典案例（视频 9）。

（1）产业规划前瞻　截至 2020 年，该县稻鱼共作面积已达 10 万多亩。基于优质的自然资源禀赋和新品种新技术新产品，围绕"百斤鱼、千斤粮、万元钱"的产业发展目标，持续提升改造和优化完善稻

鱼系统，严控稻鱼米和田鱼与国际接轨的绿色有机标准，打造与国内国际双循环相适应的本土品牌。促进农旅融合，放大"青田模式"品牌效应，发展插秧放鱼、割稻收鱼、稻米加工、鱼干晒制等农事体验项目，实现一产三产有机结合。创新"互联网＋"销售模式，依托国际国内电商平台，通过"在线下单""直播带货"等方式，将优质品牌青田稻鱼米和田鱼行销国内千家万户与海外华侨华人。2019年"青田青"与"云粮仓"签订战略合作协议，旨在提升青田稻鱼米云销售能力。

（2）文化底蕴深厚　早在唐朝，古青田人即已掌握稻田养鱼之法。《青田县志》亦有明确记载。经千余年的漫长演进演化，青田田鱼已形成独特习性，长于捕食昆虫，遇人不惊，完全适应稻田生活生长。其品质独特，肉质鲜嫩，味道鲜美，营养丰富，深受消费者喜爱。青田稻鱼舞、青田稻鱼石雕、田鱼烹饪大赛等现代青田稻鱼特色活动，以及青田稻鱼宣传片、动画片制作，稻鱼共生科普书籍编写出版等全面展开，丰富了青田稻鱼文化。2019年，青田稻鱼共生文化博物馆开工建设。

（3）产业全球知名　1999年，青田县龙现村被农业部（现农业农村部）授予"中国田鱼村"。2005年"中国青田稻鱼共生系统"被联合国评为全球重要农业文化遗产。国内外多名学者先后到青田考察调研，提高了稻鱼共生系统的国际知名度和行业影响力。中央电视台、浙江卫视等媒体记者专程到青田采访报道青田稻鱼共生系统。

（编写者：李阳阳）

181. 稻田生态种养"沙洋模式"的特色优势是什么？

湖北省荆门市沙洋县地处汉江中下游，享有"江汉明珠""鱼米之乡""湖北八大历史重镇"等美誉。近年来，该县主推的稻虾共作产业发展成效显著，尤其在淡水小龙虾出口创汇方面形成了亮点。"沙洋模式"的特色优势在于产业扶贫深入有效、龙头企业强力带动、产业服务优质高效等。

（1）产业扶贫深入有效　2016年，沙洋县委、县政府出台相关政策，对贫困户发展淡水小龙虾等特色养殖的，根据投入成本高低，由县财政一次性拨付 1 000 元或 3 000 元种苗补贴。2018 年，该县出台了《沙洋县支持发展稻虾种养产业扶贫实施办法的通知》（沙政办发〔2018〕21 号）文件，对 2018 年 9 月 1 日后新开展稻虾生态种养的贫困户按面积进行补贴，对已脱贫户按开挖费 150 元/亩、虾苗购种费 150 元/亩标准补贴，而未脱贫户补贴翻倍。2019 年、2020 年又陆续补贴若干贫困农户，既保证贫困农户不掉队，也使沙洋县稻-淡水小龙虾生态种养政策有稠度、发展有热度、操作有温度。截至 2020 年，该县稻虾共作面积达 40 万亩，年加工淡水小龙虾 6 万吨，实现稻虾产业总产值 30 亿元。

（2）龙头企业强力带动 2008 年，该县引进湖北楚玉食品有限公司。2010—2015 年，该公司在沙洋县连年出口量排名第 1。2018 年，湖北楚玉食品有限公司与北京信良记食品有限公司联合成立湖北楚玉莱信克食品科技有限公司，凭借前沿深加工技术，将高品质淡水小龙虾产品出口至 20 多个国家和地区。同时，湖北楚玉莱信克食品科技有限公司重点关注上游稻-淡水小龙虾生态种养与下游废料资源利用问题，严控水产品农药残留，保证水体洁净无污染，研究解决残留虾壳再利用等难题，延长产业链，实现再增值。

（3）产业服务优质高效 该县大力打造荆门漳河清水小龙虾区域公用品牌，建设稻虾生态种养示范基地 3 万亩。持续推行稻虾奖补政策与"三个一"（一个村建一个养虾协会，一个协会建一个微信群）模式技术推广方式，以此加强稻-淡水小龙虾生态种养户间的沟通联系，及时发现并解决实际问题，形成稻虾共作产业联动，提高稻虾产业效益，实现企业创汇、农民增收。

（编写者：李阳阳）

182. 稻田生态种养"盘锦模式"的特色优势是什么？

辽宁省盘锦市是我国知名的优质稻米生产基地，也是稻田养蟹技术模式的重要发源地。"盘锦大米""盘锦河蟹"均为中国国家地理标志产品。目前该市已形成"蟹稻共生、一地两用、一水两养、一季三收"的高效立体生态种养模式——"盘锦模式"，政府强力推动、技术创新应用、品牌效用突出是其特色优势。

（1）政府强力推动　盘锦光合蟹业有限公司为盘锦农户率先参投河蟹养殖保险，迈出了河蟹产业保险化首步。盘锦市农业农村局持续关注《关于开展中央财政对地方优势特色农产品保险奖补试点的通知》（财金〔2019〕55号）等文件后续推进工作，力争盘锦稻蟹产业保险补贴名额；组织编印《盘锦市稻蟹种养技术规范汇编》；设立盘锦农业科技发展基金；依托"盘锦大米""盘锦河蟹"两大产业联盟企业组建盘锦稻蟹股份有限公司，实现土地规模化、生产标准化、经营品牌化，推进稻蟹一二三产业深度融合，引领稻-蟹高质高效生态种养产业发展。

（2）技术创新应用　盘锦市依托"国家级生态示范区"和"国家有机食品生产示范基地"等的优势，积极推广"稻蟹共生"模式；推动从"大养蟹"向"养大蟹"的战略性转变，对"养大蟹"进行深入研究，完善实施了一整套养大蟹的技术规范。2019年2月28日，盘锦河蟹产业联盟组织召开盘锦稻蟹优质品种推介会，积极推介河蟹蟹苗光合1号，以解决盘锦稻蟹优质种源问题，加速盘锦稻-蟹生态种养产业提质增效。

（3）品牌效用突出　早在1994年，全国稻田养蟹现场会即在盘锦市召开。1997年、1998年，稻田养蟹项目获农业部丰收计划一等奖。2002年9月，国家质量监督检验检疫总局批准"盘锦大米"实施地理标志保护，"盘锦大米"成为全国粮食类第一个国家地理标志产品。2006年，中国渔业协会河蟹分会授予盘锦市"中国北方河蟹之乡"称号。2007年，"盘锦河蟹"获得国家地理标志产品保护。2009年，中国渔业协会河蟹分会授予盘锦市"中国河蟹第一市"称号。2018年，全国稻渔综合种养工作研讨会在盘锦市召开。2020年，盘锦市稻蟹综合种养模式助力宁夏脱贫攻坚；"盘锦大米"列入"中欧地理标志产品清单"，有权使用欧盟官方认证标志，进入欧盟市场。

（编写者：李阳阳）

十、展望篇

183. 稻田生态种养产业全程"无人化"发展能实现吗?

随着农村优质劳力加速向城镇转移,致使农业劳力日益缺乏且偏向"老龄化""高龄化","再过10年、20年,谁来种地"的问题亟待加快解决。相比单一水稻种植或单一水产畜禽动物养殖,稻田生态种养集水稻种植和水产畜禽养殖于一体,水稻耕种管收作业与水产畜禽动物育养饲捕管理等生产环节更多更复杂,生产要求更高,人工投入更大。因此,以机械化智能化为核心支撑,逐步走向全程"无人化"是未来我国稻田生态种养产业发展的基本方向。

目前,稻田生态种养产业中已有基于新一代物联网系统的自动化环境监测、高清监控、稻田巡查、田间诊断、智能灌溉、虫情监测、杂草识别、农机作业追踪等,以及基于新一代无人机的航拍、播种、施肥、植保、投喂等"无人化"元素应用,大幅度减少了部分环节人工投入,收到了良好成效。近年来,科研工作者瞄准"无人化"方向,研创了无人旋整机、无人打浆机、无人插秧机、无人播种机、无人收获机、智能投饲机、智能除草装备、智能捕捞装备、多环节一体化田间作业智慧农机等一系列新成果,其中部分成果已进入田间试验示范阶段,仍在反复试验、改进、提升与熟化中。配套的"无人化"生态种养农艺与渔艺等技术也有突破性进展。但生态种养稻田有其特殊性,如泥脚深、土层淤烂等,对部分中小马力无人农机将是新挑战。

稻田生态种养产业全程"无人化"发展需要多领域、多部门、多学科协同推进,需要多方面长期不懈努力、勇攀科学高峰,共同促进艺机智深度融合与高端产品创制，为未来无人农业普及化应用作出贡献。

（编写者：邢志鹏）

184. 如何促进无人农机在稻田生态种养产业应用？

无人农机在稻田生态种养产业应用需要多方面协同攻关与推进，具体可从以下方面加以着手：

（1）理念革新　相对于先进的工业"无人化"而言，农业"无人化"尚是短板和弱项，有待揭榜挂帅式攻关突破。以工带农、以工强农、以工哺农是农业现代化发展的必然要求。为此，需强化稻田生态种养产业"无人化"发展的思想意识与坚定信心，以创新、协调、绿色、开放、共享之理念，关心支持与投身推进无人农机在稻田生态种养产业应用，实现稻田生态种养产业新变革与新进步。

（2）农田建优　由于无人农机在稻田程式化作业，因此稻田道路和机耕道规划需适应无人农机高效作业需求。应超前谋划，依靠政策，加大土地整治力度，建设集中连片、设施配套、高产稳产、生态良好、排灌方便、抗灾能力强，与稻田无人化生态种养相适应的高标准基本农田。

（3）艺机融合　无人农机应少而精、多功能一体化，以减少无人农机类型与投入成本，提高无人农机使用率。应重点在水稻耕种管（包括水肥药精准管控）与水产畜禽动物养饲捕等关键环节上，研创新型智慧农机，突破瓶颈制约，结合"互联网＋农机"和"互联网＋农机管理服务"发展应用，打造一体式"智慧农机"调度监管大平台，加快推进稻田生态种养方式变革。配套无人化精简化生态种养农艺，构建稻田无人化生态种养技术服务与信息管理体系。

（4）以才为基　围绕稻田无人化生态种养目标，应建立对标国际前沿、相对动态稳定的农艺、农机、信息、人工智能等多学科交叉的高水平研发队伍，持续开展协同攻关研究，在新一代农艺农机上获得"从0到1"的重大突破；加快培养适应稻田无人化生态种养需求的博硕士研究生、本科生和农业农机技术推广人才；同步培养一大批能

195

从事现代稻田规模化生态种养、科技化管理、产业化经营的新时代高素质农民。

（编写者：邢志鹏）

185. 如何促进大数据技术在稻田生态种养产业应用？

据科普中国·科学百科，大数据（Big Data）是指无法在一定时间范围内用常规软件工具进行捕捉、管理和处理的数据集合，是需要新处理模式才能具有更强的决策力、洞察发现力和流程优化能力的海量、高增长率和多样化的信息资产。IBM 提出大数据具有 5 大特点，即大量、高速、多样、低价值密度、真实性。数据即决策，数据即服务，数据即资产。海量数据资源经不同层面高频挖掘使用，进而持续产生高价值的新数据、新信息、新知识，辅助决策，精准服务，创造知识。

农业农村部办公厅印发的《2020 年农业农村部网络安全和信息化工作要点》（农办市〔2020〕6 号）指出，加快建设农业农村大数据基础设施；建设农业农村大数据平台，实现数据可用可查可视和科学高效管理，加大数据精准采集、行业监测、动态预警、建模分析、决策辅助、共用共享、综合展示力度，深化强化大数据技术在农业农村生产、经营、管理等领域的应用；加大重要农产品全产业链大数据中心建设，促进数据共建共享，实现与全国农业农村大数据平台的统一对接。

全国范畴的空气质量大数据、耕地质量大数据、地表水环境质量大数据、农产品单品种大数据、农产品批发价格大数据等涉农大数据，以及国家信息中心和联通智慧足迹、新一线合作发布的《中国居民消费大数据分析报告》，第一财经商业数据中心（CBNData）联合口碑发布的《2017 国民餐饮消费大数据报告》，美团发布的《小龙虾消费大数据报告》，NCBD（餐宝典）发布的《2019 年中国小龙虾市场大数据分析报告》，新华网与阿里巴巴本地生活旗下的饿了么口碑联合发布的《夜经济里的小龙虾寻味报告》，满帮货运大数据，京东生鲜大数据等第三产业大数据，均与稻田生态种养产业密切相关。2020 年 8 月发布的满帮货运大数据显示，近一年，全国小龙虾五大产地依次为湖北、安徽、湖南、江苏、江西，其中湖北小龙虾输出单量占比 49.6%；湖北小龙虾主要消费城市为成都、上海、宁波、重庆、北京等，江苏小龙虾主要消费城市为上海、金华、南京、苏州、淮安等，其中上海既爱"江苏虾"，也爱"湖北虾"；湖北小龙虾从产地到餐桌平均需奔波 874 公里，而江苏小龙虾约 591 公里即可抵达目的地。

可见，稻田生态种养产业大数据的应用价值越来越大，不仅可以涉及供给侧的种养模式、产量、规格等，也可关系到需求侧的价格走势、货运量、消费量、口味等，展示出了大数据的独特魅力。尽管大数据不能精准反映稻田生态种养产业的全部，甚至有别于统计数据，但可以反映出充满生机与活力的头部效应。

（编写者：高辉）

186. 如何促进人工智能技术在稻田生态种养产业应用？

人工智能是推动新一轮产业变革、提升产业国际竞争力的战略性关键技术，成为全球计算机科学研究的前沿热点领域。据 MBA 智库·百科，人工智能（Artificial Intelligence，简称 AI）是研究、开发用于模拟、延伸和扩展人的智能的理论、方法、技术及应用系统的一门新的技术科学。其主要内容包括：知识表示、自动推理和搜索方法、机器学习和知识获取、知识处理系统、自然语言理解、计算机视觉、智能机器人等方面。

党的十九大报告强调，要加快建设制造强国，加快发展先进制造业，推动互联网、大数据、人工智能和实体经济深度融合，在中高端消费、创新引领、绿色低碳、共享经济、现代供应链、人力资本服务等领域培育新增长点、形成新动能。《国务院关于印发新一代人工智能发展规划的通知》（国发〔2017〕35 号）文件指出，要深入实施创新驱动发展战略，以加快人工智能与经济、社会、国防深度融合为主线，以提升新一代人工智能科技创新能力为主攻方向，发展智能经济，建设智能社会，维护国家安全，构筑知识群、技术群、产业群互动融合和人才、制度、文化相互支撑的生态系统；研制农业智能传感与控制系统、智能化农业装备、农机田间作业自主系统等；建立典型农业大数据智能决策分析系统，开展智能农场、智能化植物工厂、智能牧场、智能渔场、农产品加工智能车间、农产品绿色智能供应链等集成应用示范。

就稻田生态种养产业重点龙头企业而言，应紧跟人工智能前沿趋势，以提升稻田生态种养效率和效益为目标，以智能农场和智能牧场、智能渔场建设为基础，加大科技投入，加强产学研用协同创新和融合创新，研制应用水体、土壤、大气等环境因子与水稻、水产畜禽动物生长发育状况等智能感知与智慧调控系统、水稻病虫害与水产畜禽动物疫病远程诊断与绿色防控智能系统、新型智能化农机装备与收捕、搬运、分拣、包装机器人等，提增稻田耕整地、水稻精准栽插和肥药精确施用、水产畜禽动物苗种智选投放与饲料投喂、稻田水位控制与水质调控、收获捕捞等环节的自动化、智能化、高效化发展水平，开辟新领域、开发新方法，引领推动农业现代化发展。

（编写者：高辉）

187. 如何促进物联网技术在稻田生态种养产业应用？

2020 年中央 1 号文件强调，要依托现有资源建设农业农村大数据中心，加快物联网、大数据、区块链、人工智能、第五代移动通信网络、智慧气象等现代信息技术在农业领域的应用。《国务院关于推进物联网有序健康发展的指导意见》（国发〔2013〕7 号）文件指出，对工业、农业、商贸流通、节能环保等重要领域和交通、能源、水利等重要基础设施，围绕生产制造、商贸流通、物流配送和经营管理流程，推动物联网技术的集成应用，抓好一批效果突出、带动性强、关联度高的典型应用示范工程；积极利用物联网技术改造传统产业，推进精细化管理和科学决策，提升生产和运行效率，推进节能减排，保障安全生产，创新发展模式，促进产业升级。

物联网是指基于 300 万以上像素高清监控设备设施和大尺寸、4K 以上分辨率液晶触摸一体机或拼接屏等，结合新一代互联网、有线无线高速发射器和接收器、服务器和大容量硬盘、物联网网关、射频识别（Radio Frequency Identification，简称 RFID）、导航定位系统、决策支持系统等装置与技术，通过光敏、声敏、气敏、化学、压敏、温敏、流体等传感器，自动感知到被测量的物体数据信息，并能将检测感受到的数据信息，按规律规则变换成电信号或其他所需形式的信息输出，即时即地采集目标物体的声、光、热、电、力学、化学、生物和图像、位置等多源数据信息，以实现物与物、物与人、物品与网络、人与人等的连接，方便智能识别、管理和控制利用的巨网络。

物联网技术可广泛应用在稻田生态种养产业的各个领域、各个方面，包括空气温度、空气湿度、风速、风向、雨量、大气压力、蒸发、土壤温度、土壤水分、光照、日照时数、植物本体叶面湿度、植物本体叶面温度、二氧化碳、臭氧、紫外线、水位、多参数水质、速度、计数、称重等多元化传感器数据的自动化获取，基地和水稻苗情等高清视频监控，病虫情物联网智能测报，专家远程诊断，智能灌溉控制，水肥一体化智能系统应用，生产加工车间高效管理，生产物资与物流精准管理，人脸识别即时考勤等。有条件的新型农业经营主体应加强稻田生态种养物联网系统开发应用，持续提升系统价值，强化数据挖掘，完善配套功能，提增管理质效，加强示范应用，助力稻田高质高效生态种养产业信息化发展。

（编写者：高辉）

188. 如何促进地理信息系统技术在稻田生态种养产业应用？

地理信息系统（Geographic Information System，简称 GIS）是一个由计算机硬件、软件、数据和用户组成，基于地图学原理和电子地图系统，处理、分析、展示与空间位置有关的信息的系统。其分为桌面型、组件式、嵌入式与网络型 4 类，具有时空数据管理、查询、检索和叠加分析、缓冲区分析、再分类分析、邻近邻接关系分析、距离面积量算分析、山地分析、三维分析、空间插值分析、层次分析、统计分析以及空间数据库和专题地图输出等丰富多样、独特重要的功能。

针对全国、省（自治区、直辖市）、地级市、县（市、区）级等尺度的稻田生态种养产业，可主要基于网络地理信息系统平台，生成农业高温灾害、低温灾害、干旱灾害、洪涝灾害、台风灾害和水稻主推品种、水稻产量、水稻品质、水稻病害发生、水稻虫害发生、水稻草害发生、肥料施用量、农药施用量、稻田灌溉水用量、稻田生态种养主流模式、特定水产畜禽动物主推苗种、水产畜禽动物饲料投放量、水产畜禽动物主要疫病发生、水产畜禽动物养殖产量、稻谷稻米和水产畜禽动物价格、稻谷稻米和水产畜禽动物销售市场、稻米和水产畜禽动物出口量、稻米和水产畜禽动物出口额、特定水产畜禽动物消费、稻田生态种养主流模式效益、稻田生态种养一二三产业融合发展先行区布局等各种专题地区或空间分布图，利于稻田生态种养时空数据挖掘利用与宏观、中观、微观等多层级决策。

而对于除了重点龙头企业外的新型农业经营主体而言，既缺资金、软件、设备，也缺人才，更缺技术，且不易获得有效、丰富、准确的区域化稻田生态种养时空数据资源，进而难以自主研发地理信息系统技术，而是重在应用。可借助各种涉及稻田生态种养的专题地图或空间分布图，进行经营策略研判，发展规划制定，优化生产布局，专攻适用模式，控制成本投入，精准市场营销，规避生产风险，保障种养效益。或结合实际，委托地理信息系统技术专门研发机构，生成稻田分布、模式分布、土壤养分、水位水质、水稻病虫草害、水产畜禽动物疫病发生、产量、品质、价格、效益等多元化专题地图，服务稻田生态种养实践，提升基地数字化信息化管理水平。

（编写者：高辉）

189. 如何促进 5G 技术在稻田生态种养产业应用？

第五代移动通信技术（5G）是最新一代蜂窝移动通信技术，具有高数据速率、高安全系数、减少时滞延迟、节省能源、降低成本、提高系统容量以及可和大规模设备连接等特点。《国务院办公厅关于以新业态新模式引领新型消费加快发展的意见》（国办发〔2020〕32号）文件指出，进一步加大 5G 网络、数据中心、工业互联网、物联网等新型基础设施建设力度，优先覆盖核心商圈、重点产业园区、主要应用场景等；打造低时延、高可靠、广覆盖的新一代通信网络；积极开展消费服务领域人工智能应用，丰富 5G 技术应用场景，加快研发可穿戴设备、移动智能终端、超高清及高新视频终端、智能教学助手等智能化产品，增强新型消费技术支撑。

随着5G的加快部署与稳步应用，必将加快多行业互联网＋、物联网、大数据、云计算、区块链（属共享数据库之一，分布式核算和存储于其中的数据或信息具有去中心化、开放性、独立性、安全性、匿名性等特点）、虚拟现实、人工智能、机器人等产业的协同快速发展，尤其是有效契合了超高清与高新视频、虚拟地理环境、人脸识别、"云夜市""云逛街""智慧商圈"等对超大设备、超大容量（PB级以上）、超高速率即时通信与快速运算传输的需求，催生壮大无人农场、无人驾驶、无人快递、无人售货、无人街区、无人商圈、无人餐厅和数字"一带一路"、数字长江经济带、数字乡村、全息旅游等新产业新业态新模式。

在经营规模持续扩大、产业质态持续向好、业务总量持续增长、资金实力持续增厚、数据容量持续增大等的条件下，稻田生态种养新型农业经营主体将对多领域、多系列、多类型、多节点、多数量的高清监控、大屏高清显示、智能感知、智能灌溉、水肥一体化系统、智能农机、智能装备、远程诊断、预测预警、智能管理与云存储、大数据、云计算等产生新需求，进而激发5G刚性需求，贴近"超高速"移动通信，办"云上农场"，用"云上农机"，聘"云上管家"，启"云上展厅"，开"云上商店"，成为5G技术农业行业应用的先行者和引领者。

（编写者：高辉）

190. 如何促进遥感技术在稻田生态种养产业应用？

遥感是指不接触物体表面，从卫星、直升机或无人机、近地等不同高度平台上，使用多种传感器，接收来自地球表层各类地物的各种电磁波信息，并对这些信息进行加工处理，从而对不同地物及其特征进行探测和识别的综合技术。其具有间接性、光谱特性、时相特性、信息数据齐全等特点。《国务院关于印发新一代人工智能发展规划的通知》（国发〔2017〕35号）文件指出，要建立完善天空地一体化的智能农业信息遥感监测网络。

在稻田生态种养产业领域，基于天空地一体化遥感新技术，可以实现稻田生态种养区划、水稻品种布局、种植面积、苗情长势（基本苗数、茎蘖数、植株高度、叶面积、叶片含氮率、冠层温度、生物量等）、肥料施用量、病虫草害发生、产量、稻米品质等监测和多元化灾害预测预警、损失评估，也可以实现水产畜禽动物养殖面积监测、稻田生态种养水体水质监测、水体浮游植物发生监测、稻田生态种养适宜性（地形地貌、资源禀赋、环境条件等）评价、稻田生态种养规范性（沟坑占比不超过10%，平原地区水稻亩产量不低于500千克等）评估等，帮助政府部门指导管理新型农业经营主体规范化开展稻田生态种养，定期或不定期了解掌握稻田生态种养发展状况与质态，协助新型农业经营主体精准开展苗情诊断与生产管理。

但在稻田生态种养实际应用中，遥感技术也存在受复杂多变的气象因素影响、卫星遥感时相偏长、水稻品种多乱杂且单品种种植分布离散、传统遥感精度偏低、"异物同谱"与"同谱异物"时有存在、高光谱遥感（用很窄而连续的光谱通道对地物持续遥感成像）成本较大、专用软件购置费用与使用技术要求较高、专门人才较为缺少等多方面制约，亟待加以解决。

新型农业经营主体宜通过产学研用协同创新机制，借助已建立合作关系的科教单位优势力量与遥感监测科研平台，承建水稻、水产畜禽动物等现代农业产业技术体系推广示范基地、企业院士工作站或专家指导站、研究生工作站等，协同开展遥感技术稻田生态种养产业示范应用实践，促进先进技术落地生效。

（编写者：高辉）

191. 发展稻田生态种养产业的注意事项有哪些？

近年来，我国稻田生态种养推广面积迅速增加，参与省份多，种养模式多。为了保障国家粮食安全、提高种养效益、规避种养风险、促进持久发展，在稻田生态种养实践中应注意以下方面：

（1）优化田间工程 从粮食安全的角度出发，稻田生态种养沟坑占比需不超过10%，为此稻田面积宜大一些，沟坑面积调整余地则大；或稻田面积适宜，边沟宜I形、L形为主，U形为辅，尽量不采用稻田外埂内侧四边围沟。在此技术上，适当增加水稻栽插密度，确保穗数，主攻大穗，可以实现稻田生态种养优质绿色丰产。

（2）适度规模经营　江苏省家庭农场的经营规模一般在 150～300 亩，较为适宜开展稻田生态种养，获得预期效益。若稻田生态种养面积过大，则容易出现管理跟不上、质量难保障的状况，在可能的淡水小龙虾等产品市场价格持续下行条件下则会出现巨额亏损，影响发展，造成被动。若稻田生态种养面积过小，则难以获得规模效益。

（3）绿色生态优先　在稻田共生种养水稻种植中，需适时调节水位、水质和底质环境，使用对水产畜禽动物无毒的生物农药，必要情况下使用低毒的化学农药，避免使用对鱼虾危害较大的肥药等投入品，协同保证水稻和水产畜禽动物产品的生态绿色和质量安全，维护洁净的稻田生态环境。在此基础上，申请绿色食品等产品质量认证。

（4）发展商品品牌　推动稻田生态种养水稻和水产畜禽动物品种培优、品质提升、品牌打造和标准化生产。通过申请稻田生态种养稻米和水产畜禽产品注册商标等，使产品变商品，参与分享市场红利。建立稻田生态种养水稻和水产畜禽产品质量可追溯体系，保证稻田生态种养产品质量与信誉。加强稻田生态种养效益核算，明晰其经济效益及综合效益，通过再投入，实现再增值。

（编写者：陈友明）

192. 稻田生态种养产业从业人员应具备哪些知识和能力条件？

稻田生态种养产业从业人员应主要具备以下知识和能力条件：

（1）基础理论知识　由于稻田生态种养模式有 30 多种，一般的农民专业合作社、家庭农场、种养大户难以悉数掌握，大多选择稻-淡水小龙虾、稻-鱼生态种养模式。针对选择的模式，应通过阅读著作、访问网站、查询信息、求教专家、听取报告、观摩考察等途径，加强稻田生态种养基础理论知识学习，重点掌握所选择模式的技术要点、水稻品种特征特点和水产畜禽动物品种特性习性、产品加工与行销渠道、市场需求与动态演变等，为开展稻田生态种养夯实知识基础。

（2）种养实践能力　稻田生态种养涉及面广，关联因素多，常导致 1/3 左右的从业者出现亏本。而这些亏本的从业者大多来自于农业产业外部，种养经验明显欠缺。为此，稻田生态种养产业从业人员需要具有1年以上水稻种植或水产畜禽养殖实践经历，经过1个以上周期的种养实践完整训练，方能入门快、上手快、会总结、会创新，一听就懂，一学就会，进而显著提高稻田生态种养的成功率。

（3）经营管理能力 有别于传统的一家一户式微农经营，稻田生态种养往往采取适度规模化经营，且涉及的有关技术门类多、要求高。从业人员需在理解掌握相关法律法规与政策文件、标准规范与质量认证等的基础上，深度谋划与高效推进品种选用、核心技术、关键装备、配套设施、产品定位、品牌打造、宣传推介、市场需求、行销渠道、业务洽谈、信息管理、团队建设、劳力组织、项目申请、资金筹措、效益核算等多方面具有挑战性的工作，在系统工程的实干实践中提升自身的经营管理能力与综合素质，历练成具有成就感的"种养能人"。

（编写者：陈友明）

193. 怎样才能成为一名稻田生态种养产业高素质从业人员？

要成为一名稻田生态种养产业高素质从业人员，需做到：

（1）掌握多学科知识和技能 稻田生态种养产业从业人员应通过自主学习，掌握必要的中文、英语、计算机技能以及稻田生态种养牵涉到的水稻种植与水产畜禽动物养殖等多学科领域的相关专业知识，不断完善自身的知识结构与技能素质。

（2）具有专业创新能力 能瞄准稻田生态种养领域的某一个或某几个方面，组织开展专项科学研究，申请国家发明专利或实用新型专利，协同承担县（市、区）级以上科技攻关或成果转化推广项目，获取科学数据，得出有益结论，指导种养实践，作出自身贡献。

（3）具有组织管理和协调应变能力 能组织开展稻田生态种养规模化经营实践，并加以有效管理。能组织农民进行现场观摩、外出考察或开展技术培训。能与相关农业企业和其他新型农业经营主体、高等院校、科研院所、农业和水产技术推广机构等开展多方面合作。能与科技、自然资源、生态环境、水利、农业农村、市场监督管理、粮食和物资储备等政府部门沟通交流，寻求理解与支持。针对稻田生态种养实践中出现的突发事件或问题，能加以协调解决或合理应变应对。

（4）拥有健康体魄和敬业精神　稻田生态种养周期长，头绪多，循环往复，对从业人员的身心健康、敬业精神和职业道德提出了高要求。应聚焦主业，聚焦重点，坚持效率为王、质量为上，用对人，做对事，多请教，常沟通，持续提高自身的攻坚克难与矛盾化解能力，努力成为推动新型农业经营主体稻田生态种养事业发展的中坚力量与标杆榜样。

（编写者：陈友明）

194. 农业企业发展稻田生态种养产业的策略是什么？

新时代农业企业发展稻田生态种养产业的策略是：

（1）确立发展目标　基于区域自然资源禀赋和自身资本、土地、劳动力、稻田生态种养技术和人才等生产要素状况，坚持适度规模经营条件下的"三品一标"（品种培优、品质提升、品牌打造和标准化生产）新理念，致力于生产优质绿色稻米与水产畜禽动物产品，优化种养流程，控制生产成本，推动绿色消费，提供精细服务，力争成为县级以上农业产业化重点龙头企业，主动担当作为，彰显企业价值。

（2）强化科技支撑　现代稻田生态种养十分需要新品种、新技术、新产品、新装备、新设施等的强力支撑。作为农业科技创新的主体，农业企业既要以人为本，以才为基，坚持自主创新，匹配创新资金，投入研发力量，解决生产实际问题，也要瞄准"卡脖子"的重大关键技术问题，通过产学研用紧密合作，参与协同创新，力求取得重大突破，持续提升稻田生态种养产业科技贡献份额。

（3）生产优质产品　随着农业供给侧结构性改革和高质量发展举措的深入推进，优质产品将成为市场主流，以顺应消费者对美好生活的向往需求。农业企业应注重稻田生态种养产品的品质提升和品牌打造，申请并获得质量认证，持续增强企业质量管理和产品质量保证能力，确保"产品优、质量好、信誉高"。

（4）主攻细分市场　在国民人均可支配收入持续增长的背景下，农产品市场日益分化，绿色生态产品、中高端产品占比增加，传统产品、低端产品占比下降。2021年2月召开的中央全面深化改革委员会第十八次会议审议通过了《关于建立健全生态产品价值实现机制的意见》。可见，农业企业应抢抓发展机遇，瞄准细分市场，以生产稻田生态种养绿色生态产品为价值导向，以绿色食品为主，以有机产品为辅，实现产品增绿增值、农业提质增效和企业向好向优发展。

（编写者：窦志）

195. 农民专业合作社发展稻田生态种养产业的策略是什么？

根据《中华人民共和国农民专业合作社法》（2006年10月31日第十届全国人民代表大会常务委员会第二十四次会议通过，2017年12月27日第十二届全国人民代表大会常务委员会第三十一次会议修订），农民专业合作社是指在农村家庭承包经营基础上，农产品的生产经营者或者农业生产经营服务的提供者、利用者，自愿联合、民主管理的互助性经济组织。农民专业合作社依照该法登记，取得法人资格。根据国家统计局数据，截至2018年底，全国农民专业合作社注册数量为217万个。

新时代农民专业合作社发展稻田生态种养产业的策略是：

（1）明确定位 相关农民专业合作社应立足于服务国家粮食安全战略和国家乡村振兴战略，立足于服务地方经济和农业农村现代化建设，等同农业企业责任，做给农民看，带着农民干，推进地方稻田生态种养产业转型升级和提质增效，持续做强做大，提升发展效益。

（2）聚焦主业 相关农民专业合作社应秉持"一社一业"理念，尽力规避"一社多业"，集中精力、专心致志地做强稻田生态种养主业，提升专业化、组织化水平，支撑"一县一业、一村一品"产业培育打造和特色小镇、特色田园乡村等建设。

（3）强化建设 农民专业合作社的成员以农民为主体。相关农民专业合作社的投资融资决策、农业生产资料和有关服务的购买、稻田生态种养稻米和水产畜禽动物产品的生产销售、专项资金的使用等均关系到所有入社成员的共同利益，为此应坚持制度管理、透明公开、责任共担、权益共享原则，强化自身建设，提升管理水平，成为新典型，创建示范社。

（4）带动增收　相关农民专业合作社应强化责任担当，开放包容，增强引力，带领入社成员绿色高质量发展稻田生态种养产业，统一采购，降低成本，统一管理，提高质量，统一服务，提升效率，统一销售，打造品牌；拉动当地农民就近就地就业，促进产业增效、农民增收。

（编写者：窦志）

196. 家庭农场发展稻田生态种养产业的策略是什么?

家庭农场是指以家庭成员为主要劳动力，从事农业规模化、集约化、商品化生产经营，并以农业收入为家庭主要收入来源的新型农业经营主体。根据农业农村部编制的《新型农业经营主体和服务主体高质量发展规划（2020—2022）》，到2022年，全国家庭农场数量达到100万家（2018年为60万家），各级示范家庭农场达到10万家。可见，全国家庭农场数量将继续增长，但突出强调了"各级示范家庭农场"，展示出量质并举的发展思路。新时代家庭农场发展稻田生态种养产业的策略是：

（1）适度规模经营　选择当地气候、土壤、水源等条件允许，种养技术能掌握，周边有潜在市场的稻田生态种养模式，根据家庭农场的人力、财力、物力和技术水平、市场基地等确定产能区间，按照稻田尽量集中连片、签订5年以上稻田租赁协议、150～300亩的规模组织稻田生态种养实践。与农民专业合作社倡导的"一社一业"不同，家庭农场可"一场多业"，产品丰富，规格齐全，组合突破，提增效益。

（2）高效种养管理　统一规划建设稻田基础设施工程，明确生产布局。通过购买服务或自主配备农机等生产条件，开展规模化、机械化、标准化稻田生态种养，提高生产作业效率与质量管理水平，促进适用技术应用到边到位，提升稻田生态种养综合效益。不定期组织家庭农场成员参与稻田生态种养产业专业培训、考察观摩等活动，提高从业素质，发展高效种养。

（3）多元市场行销　由于家庭农场稻田生态种养规模适中，稻田生态种养稻米和水产畜禽产品总量有限，因此宜采取精品化、个性化行销策略，优化包装，注册商标，发展品牌，崇尚信誉，推动就近零售、订单销售、电商销售、配送销售等，以多元化市场规避产业发展风险，实现"产得出，卖得了，卖得好"。

（4）投入产出核算 根据稻田生态种养规模、产量、规格、目标等精细估算生产成本，比较稻田生态种养生产资料价格、性能和服务，保障重大支出，核减非必要开支。评估不同市场产品销售的效用，逐步明确主体目标市场，降低运行成本。采用记账 App 软件，真实记录周年收入、支出，核算稻田生态种养年度经济效益，规划翌年资金预算与再投入安排。

（编写者：窦志）

197. 发展稻田生态种养产业对实现乡村产业振兴有何意义和作用？

国家乡村振兴局的成立，昭示着未来的"三农"工作主要是以乡村振兴为重点，着重解决农业农村现代化问题。近年兴起的稻田生态种养以生产优质绿色稻米和水产畜禽动物产品为核心，契合了国家"五大发展理念"（创新、协调、绿色、开放、共享）与国家粮食安全战略、国家乡村振兴战略等重大需求，对实现乡村产业振兴有着重要意义。其作用在于：

（1）有利于激发"农民"双创活力 稻田生态种养模式众多，水稻和水产畜禽动物产品动静结合、和谐共存，可生产可品尝可观光，一水多用，一田多产，吸引了一批新型农业经营主体和返乡创业新乡贤、新青年等投身其中，奋战"三农"战线，专注创新创业，推进了资本、人才、资源、信息等生产要素大下乡，促进稻田生态种养快速发展。以往少受人关注的撂荒地、冷浸田、低洼田、滩涂田等低产田也可得以高效利用，使得"田有人种，粮有人产，农有人爱"。

（2）有利于增供优质绿色产品 稻田生态种养以生产绿色稻米和水产畜禽动物产品为目标，使得更多的绿色生态产品走进千家万户、走上百姓餐桌，符合国家农业供给侧结构性改革和高质量发展要求，顺应了公众对健康食品和对美好生活的向往需求，驱动了绿色研发、绿色农资、绿色加工、绿色检验、绿色认证、绿色物流、绿色消费、乡村旅游、出口创汇等发展。

（3）有利于净化稻田生态环境　稻田生态种养减碳减肥减药效用突出，规避了传统水稻生产大肥大药等资源投入顽疾，通过水稻秸秆肥水作用催生水体浮游生物进而提供水产畜禽动物食源，水产畜禽动物排泄物又增加了稻田土壤养分补给，对净化稻田生态环境、保护稻田生物多样性、实现"藏粮于土""藏粮于技"有益。

（4）有利于带动农民就业增收　稻田生态种养产业涉及种子种苗（雏）繁育、生产资料制造、农机作业服务、产品加工物流销售等诸多环节，需要相当数量的劳力投入，创造了更多就业岗位，可带动农民就近务工增收。稻-鱼、稻-虾、稻-蟹等稻田生态种养模式亩均产量高、效益好，可为农民带来更多获得感。

（5）有利于支撑乡村产业兴旺　稻田生态种养产业的做强壮大直接支撑"一县一业、一村一品"产业打造和产业园区、特色小镇、特色田园乡村、美丽乡村等建设，吸引人才、资本、资源等集聚，实现乡村产业振兴，有效推动农业农村现代化发展。

（编写者：窦志）

198. 稻田生态种养产业如何实现高质量可持续发展？

实施质量兴农战略是党中央、国务院科学把握农业发展新阶段作出的重大战略决策。农业农村部、国家发展改革委、科技部、财政部、商务部、国家市场监督管理总局、国家粮食和物资储备局制定了《国家质量兴农战略规划（2018—2022）》。该规划指出，要按照高质量发展要求，围绕推进农业由增产导向转向提质导向，突出农业绿色化、优质化、特色化、品牌化，推动农业全面升级、农村全面进步、农民全面发展。

稻田生态种养产业要实现高质量可持续发展，应做到：

（1）确立高质量理念　应清醒地看到越来越多的公众正由"吃得饱"向"吃得好""吃得舒心"转变。唯有秉持高质量理念，以高质量的技术、管理、服务生产符合高质量标准的稻田生态种养产品，契合市场新需求，方能立足现在、赢得未来，实现可持续发展。

（2）施行高质量种养　传统稻田生态种养环节多、要求高，若全部按照高质量标准实施，则会带来高生产成本，明显压缩效益空间。因此，在稻田生态种养实践中，应按照"简化、统一、协调、选优"农业标准化原理要求，需科学精简稻田生态种养环节，如变"基肥、分蘖肥、促花肥、保花肥"水稻 4 次施肥为一次性缓控释肥基施，变化肥、农药单独施用为药肥结合施用，变多农机多次作业为单农机多道工序一次性作业等，通过技术革新实现稻田生态种养向高质量技术、高质量标准、高质量管理要效益。

（3）生产高质量产品　稻田生态种养稻米和水产畜禽产品绿色生态、安全可靠，生产中少用或不用化肥农药，符合农业高质量发展要求。通过选用高质量的品种、高质量的技术、高质量的投入品，基于高质量的稻田生态环境，依据高质量的标准或规范，可以生产出高质量的稻田生态种养产品。

（4）获得高质量效益　中央全面深化改革委员会第十八次会议审议通过的《关于建立健全生态产品价值实现机制的意见》是农产品优质优价的升级版，强调产品增绿，价值增长，效益增加。高质量投入与高质量产出是稻田生态种养品牌打造的基石，是获得高质量效益与实现可持续发展的基础。应充分挖掘高质量稻田生态种养产品消费潜力，营造高质量消费环境，引导消费者更多选用绿色生态产品，为优质优价买单，以助力稻田生态种养从业者获得高质量效益。

（编写者：窦志）

199. 稻田生态种养产业的发展趋势是什么？

根据国际国内农业发展新形势新阶段研判，稻田生态种养的发展趋势是基于产品绿色优质目标的标准化、产业化和品牌化生产。

（1）标准化　稻田生态种养标准化是提升稻田生态种养科学管理水平的基础保障，是促进科技成果转化应用的强大动力，是组织现代稻田生态种养的有效方法，是推动农业资源高效利用的可行路径，是增进国内国际双循环发展的核心依托。标准集聚了政府的期盼、新型农业经营主体的期待、公众的期望、市场的期许，积聚了种子、种苗（雏）、农机、肥料、饲料、农药、渔药、兽药、信息、经济等多学科科技成果，汇聚了稻田生态种养产业链上的生产、科技、管理、认证、加工、物流、销售等诸方的智慧与利益。针对当前稻田生态种养国家标准和国际标准缺乏的状况，通过科学合理制定稻田生态种养国际、国家、行业等标准，将绿色优质品种、技术、产品、装备、设施等固化其中，利于高质量贯彻实施与技术推广普及，产生显著的经济、社会和生态效益。

（2）产业化　根据前述，预测稻田生态种养产业总产值可达到万亿元级水平，占国内生产总值（GDP）的比重日益增加。但在目前的稻田生态种养产业化发展进程中，尚存在种养户离散、低水平基地建设、田间设施不规范、种子种苗（雏）多而杂、机械化智慧化种养比例低、产品标准化水平不高、加工短板、市场上"绿色""生态""有机"产品泛滥、产品质量全程追溯困难、"稻田生态种养＋"潜力挖掘不足等诸多弱项和问题，迫切需要进一步提高产业化发展水平。应以标准化引导规模化，以规模化支撑组织化，以组织化驱动企业化，以企业化推动产业化，真正创构起中国特色稻田生态种养产业化发展体系，实现产业增辉和效益增量。

（3）品牌化　以大品牌占领大市场是许多行业的成功之道。但在稻田生态种养各环节，大品牌不多，中品牌较多，小品牌众多。应基于稻田生态种养产业高质量发展理念，动态评选、审慎评估和倾斜扶持、大力支持稻田生态种养领域前百强头部企业重点品牌做强做大，通过兼并、收购、重组等方法，实现小品牌减量、中品牌增多、大品牌崛起。同步建立品牌奖惩制度与退出机制。通过大、中品牌的增值溢价来带动和提升稻田生态种养综合效益，扩大收益面，增强抗风险能力，解决"农产品卖难""优质不优价"等难题。

（编写者：陈友明）

200. 未来稻田生态种养技术的发展方向是什么？

展望未来，稻田生态种养产业发展前景广阔。其技术上的发展方向是：

（1）周年种养　针对淡水小龙虾、澳洲小龙虾等餐饮店因货源短缺导致淡季歇业或改业的状况，可适度发展稻田生态种养＋工厂化生态养殖、稻田反季节生态种养、淡水小龙虾等产品冷藏保鲜等模式，

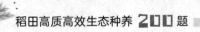

使淡水小龙虾等产品得以错峰上市、周年行销,分享夜经济、新消费等红利。

(2)共生种养 针对稻-淡水小龙虾等连作模式居多、共生模式偏少的状况,应重点从优质高产抗倒抗病水稻品种入手,推行稻-淡水小龙虾等共生种养模式,提高稻田生态种养稻米和水产畜禽产品品质,降低肥药施用量,实现绿色发展。

(3)智慧种养 针对稻田生态种与养双领域中新型农机装备不多、智慧农机装备缺乏的状况,应组织农艺、农机、信息等学科力量,加快播种、育秧、施肥、植保、放养、投饲、捕获等环节的智慧农机装备研究应用,革新稻田生态种养方式,提升作业效率与效益。

(编写者:陈友明)

主要参考文献

[1] 石声汉译注，石定枎、谭光万补注，2015. 齐民要术（上册）［M］. 北京：中华书局.

[2] 全国水产技术推广总站，2020. 中国稻渔综合种养产业发展报告（2019）［J］. 中国水产（1）：16-22.

[3] 刘华楠，项丽，2019. 崇明稻蟹共生养殖模式的探析［J］. 科学养鱼，17（3）：33-35.

[4] 李媛媛，2019. 稻蟹种养生态养殖技术［J］. 中国水产（4）：85-88.

[5] 习宏斌，龙洪圣，廖再生，等，2017. 稻鳅共作绿色生态种养技术试验［J］. 江西水产科技，3（5）：15-17.

[6] 李涛，范洁群，钱振官，等，2019. 稻鳝种养田杂草群落组成及不同除草剂对黄鳝生长的影响［J］. 植物保护，45（2）：224-229.

[7] 武清爽，2005. 稻鳝种养双丰收技术［J］. 农业科技与信息，53（4）：40.

[8] 肖友红，蔡焰值，2017. 我国鲶鱼产业形势分析［J］. 中国水产（11）：56-57.

[9] 王兴礼，刘邦欣，2007. 革胡子鲶稻田生态养殖技术［J］. 北京水产（3）：37-38.

[10] 陈健超，廖愚，2018. 稻田鲤鱼生态种养技术要点［J］. 南方农业，12（32）：1-2.

[11] 吕夫成，曾春红，李枫，2006. 金鱼锦鲤彩鲫的稻田养殖技术［J］. 水产养殖，27（2）：44-45.

[12] 王明华，姜虎成，陈校辉，等，2020. 斑点叉尾鮰几种健康养殖模式总结［J］. 水产养殖，41（8）：61-63.

[13] 王兴礼，2005. 乌鳢的稻田养殖技术［J］. 渔业致富指南（1）：34-35.

[14] 陈凡，唐建东，张琳丽，等，2014. 沙塘鳢"鱼稻共生"养殖技术［J］. 科学养鱼（8）：36-37.

[15] 徐琪，1998. 中国稻田生态系统［M］. 北京：中国农业出版社：140-146.

[16] 吴涛，2018. 稻鸭复合系统中氮、磷循环与迁移研究［D］. 长沙：湖南农业大学.

[17] 中华人民共和国农业部，2006. 《稻田养鱼技术规范》：SC/T 1009—2006

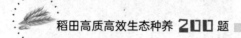

稻田高质高效生态种养 **200** 题

［S］. 北京：中国农业出版社.

［18］中华人民共和国农业部，2002. 《无公害食品 渔用药物使用准则》：NY 5071—2002［S］. 北京：中国农业出版社.

［19］陈欣，唐建军，胡亮亮，2019. 生态型种养结合原理与实践［M］. 北京：中国农业出版社.

［20］黄鸿兵，2019. 画说小龙虾养殖关键技术［M］. 北京：中国农业科学技术出版社.

图书在版编目（CIP）数据

稻田高质高效生态种养 200 题 / 高辉，陈友明主编
. —北京：中国农业出版社，2021.8
（码上学技术．绿色农业关键技术系列）
ISBN 978-7-109-28267-4

Ⅰ.①稻… Ⅱ.①高… ②陈… Ⅲ.①稻田－生态农
业－问题解答 Ⅳ.①S511-44

中国版本图书馆 CIP 数据核字（2021）第 102049 号

稻田高质高效生态种养 200 题
DAOTIAN GAOZHI GAOXIAO SHENGTAI ZHONGYANG 200 TI

中国农业出版社出版
地址：北京市朝阳区麦子店街 18 号楼
邮编：100125
责任编辑：郭银巧　　文字编辑：齐向丽
版式设计：杜　然　　责任校对：吴丽婷
印刷：中农印务有限公司
版次：2021 年 8 月第 1 版
印次：2021 年 8 月北京第 1 次印刷
发行：新华书店北京发行所
开本：880mm×1230mm　1/32
印张：7.25
字数：220 千字
定价：38.00 元